超財務報表

開竅用！看得見的具象，
一眼就看對重點，找出關鍵

神田知宜 著
方瑜 譯

前言—如果能夠了解 企業經營的數據就太酷了

先說明本書的主題：

「藉由培養『數字敏感度』，讓你成為可以靈活運用財務報表及企業經營數字的帥氣商業人士或是企業經營者」

由於本書所採用的觀點與現今會計知識有著一百八十度的差異，會讓讀者們感到非常新鮮。

本書只需要兩個小時的閱讀時間，讀完之後各位應該可以從長年的會計恐懼情結中解放出來。而且，不僅是年度編製的財務報表，連每個月的經營數據（試算表）也都能夠輕鬆地閱讀並加以活用。

● 在腦海中將報表具象化

接著，就來說明本書的最大特點。

那就是不以艱澀的理論或算式，而是以將報表具象化的方式來說明資產負債表（Balance Sheet，B／S）以及損益表（Income Statement，I／S）。

在閱讀完後，資產負債表（B／S）以及損益表（I／S）的內容就會如同視覺畫面具體地浮現在各位的腦海中。

在本書中幾乎沒有出現計算公式。

要是依賴大量的計算公式來說明，讀者們反而難以利用想

像力將報表具象化。所以，我認為本書相較於從前的會計書籍來得更為容易閱讀。

不過正因為容易閱讀，相對的也有需要注意的地方。

本書寫作的訴求之一，就是將易讀易懂設定為首要目標。因此，用字遣詞之類的細節自然不是本書的優先重點。

也有明知這個名詞不夠精準但還特意使用的情況，原因在於希望增加易讀性或是配合慣常的名詞使用方式。如果讀者預期在本書中看到正確嚴謹的會計理論，那麼本書將無法符合各位的期待。

反之，本書很適合推薦給抱持「至今為止曾經讀過無數的會計書籍，但就是無法理解活用」、或是「第一次讀會計類的書籍，希望能夠迅速融會貫通」的想法，希望能夠大致掌握財務報表及企業經營數據全局的讀者。

進入本題，那麼各位讀者認為要如何才能夠將企業經營數據或是財務報表數字具象化呢？

請看右頁的圖表。
各位知道這張圖表所代表的意涵嗎？

沒錯，正是將資產負債表（B／S）加以概略地圖解分析後所得到的結果，相信各位在財務報表的入門書籍中都曾經看過這張報表。

不同的是，本書在報表的下方寫著「現實世界」及「虛擬

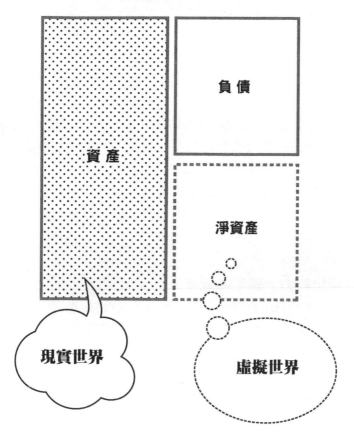

資產負債表（B／S）

世界」兩個名詞。

　　其實，這是為了要讓讀者能夠了解資產負債表的內容，希望能讓各位牢記在心的「直覺」（具象化）。（▶63頁）

　　再以另一張圖表做範例為各位說明。
　　請看右頁的圖表。

　　這張表同樣是資產負債表（Ｂ／Ｓ）。
　　在左上與右下分別打上了一個圓形記號，這也是我們剛剛提到的「直覺」。如果我們能夠鍛鍊報表這兩個部分（也就是增加這兩個部分在報表中的金額與占比）的話，那麼企業的經營數字就不至於太難看了。
　　相反的，假設在一張資產負債表中是左下與右上的部分金額較大、占比較高，讀者應該會直覺反應「好像有點不太妙」了。（▶71頁）

● 具象化能力＝數字敏感度
　　像這樣能夠以具體視覺印象來了解財務報表的能力，就是能夠掌握企業經營數字全局變化的「數字敏感度」。

　　一般提到「數字敏感度」，也許會讓人認為等同於不求甚解、沒有嚴密的計畫而以為是負面的意思。
　　確實在某些狀況下，「數字敏感度」指的是未做規劃就使用金錢的無謀消費方式。
　　但在這裡我們所要強調的是，重視「數字敏感度」並將其善用到適當領域的觀念。這是一種培養數字力的「新方法」。

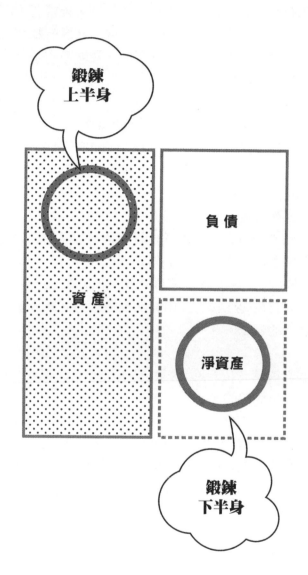

我們有時會見到對數字很有一套的企業經營者，也就是討論到營業額時，能夠舉出具體的毛利或淨利這些數字，並清楚流暢地說明這一類型的人。而我將這一種能力定義為「數字敏感度」，是一種正面的能力。

● 拉近數字與自己邏輯思考之間的距離

建立「數字敏感度」或數字概念的關鍵字就是「試算表」。

針對試算表在第 29 頁會有更詳盡的說明，但簡而言之，就是呈現每個月「企業經營數據」的報表。換句話說，試算表等同於企業經營數據。

如果讀者中有企業經營者的話，讀到這裡也許會想「有沒有搞錯？現在還在講什麼試算表？」。

其實試算表中蘊含著許多難以衡量的知識力。

但很可惜的是，沒有人用簡明易懂的方式教大家了解試算表中所包含的資訊。

而我教導讓各位能夠了解財務報表或是試算表的方法，是非常基本而且簡單的。

截至目前，市面上書籍的說明方式，都是企圖複雜化企業經營者或是管理者的邏輯思考模式，使其更為接近財務報表及試算表的內容及製表的邏輯，換言之，就是無論如何都要讓自己了解困難事物的方法。

但本書所採用的方式則恰好相反，是簡化財務報表及試算表的龐雜內容，拉近其與自己本身邏輯思考模式的方式。

因此，我在前文中才會說本書觀點與既有會計知識間有著一百八十度的差異。在第六章介紹的「神田式試算表」就是這

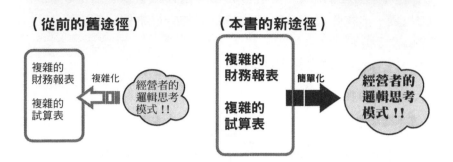

種新觀點的代表方法。

　　既然各位讀者好不容易與這個新觀點相遇了，希望可以將這本不太一樣的書完整地讀到最後一頁。

● 清楚掌握本書大綱架構

　　在一鼓作氣讀完本書前，請先掌握本書的大綱架構，有助於更輕鬆地了解本書的內容。

　　第一，在進入主題之前會先介紹關於「企業經營數據」的三個重點。

　　本書最重要的主題是什麼？

　　在本文一開始已經開宗明義地告訴各位讀者了吧。什麼！已經忘記了嗎？

　　再重複一次，就是「藉由培養『數字敏感度』，讓你成為可以靈活運用財務報表及企業經營數字的帥氣商業人士或是企業經營者」。

從這個主題也可以看出，本書是說明企業經營數據背後意涵及解讀方法的書籍。最終目的當然是為讀者說明與主題相關的訣竅，但在此之前希望各位讀者能夠先行掌握三個重點。這三個重點分別是：

　　1. 簿記與會計的不同處為何？
　　2. 什麼是試算表？
　　3. 什麼是財報？

　　這些重點將會在第一章與第二章中做概略的說明。因為是非常基礎而重要的概念，請各位務必確實了解相關內容。

　　將基本知識整理歸納完成之後，再開始進入主題。

　　從第三章到第五章，我們會花三章的篇幅以淺顯易懂的方式來說明讀通資產負債表（Ｂ／Ｓ）、損益表（Ｉ／Ｓ）以及現金流量表（Cash Flow Statement，Ｃ／Ｆ）這三張財務報表所需的「撇步」。

　　方才已經提過了，這是由我個人發想，原創性十足的獨特說明方式。

　　接下來的第六章是本書的焦點章節「以神田式試算表來了解企業經營數據」。

　　不論各位讀者是商業管理者也好、企業經營者也罷，如果不能了解這一部分的話就無法成為經營管理的總舵手。請利用這個章節來培養及鍛鍊自己的「數字敏感度」吧。

　　最後的後記則是與大家談談「試算表具有的神奇力量」。

這並不是非常具有科學邏輯的內容，但希望能夠引起大家更進一步思考試算表的趣味。

本書的內容大致上會依照上述的大綱進行，其中完全沒有艱澀困難的部分，相信各位讀者一定能夠以輕鬆愉快的心情讀完此書。

● 數字力強的船長最帥氣

以「航海」來說明企業經營應該比較容易了解。

舉例來說，你（管理者或是經營者）就是扮演船長的角色。

資產負債表（Ｂ／Ｓ）可說是船上的物資清單。

損益表（Ｉ／Ｓ）等同於燃油表。

現金流量計算表就好比是地圖。

這樣來比喻的話大概可以了解吧。

以航海譬喻試算表的功用

■ 資產負債表（Ｂ／Ｓ）
　　　　→ 物資清單

■ 損益表（Ｉ／Ｓ）
　　　　→ 燃油表

■ 現金流量計算表
　　　　→ 地圖

如果沒有物資清單、燃油表或是航海地圖，僅憑著直覺就把「經營號」這艘船駛向大海，會有什麼樣的後果呢？

雖然只要勉強在所需範圍內完成資金周轉，營運上也許不會出現問題。但是，在海上不知何時會遭受狂風暴雨的襲擊，也有可能在航行途中耗盡飲水與食糧。

如果連自己身在何處，要航向何方都不清楚的話就更糟糕了，又萬一在航行中船隻翻覆將會造成無可挽回的後果。

當然還是能夠靈活運用物資清單、燃油表、及以地圖準確判斷情勢的船長，才是值得信賴、最為帥氣的。

「數字不是我的強項」這麼說的船長，很有可能在暗地裡遭部屬排擠冷落。船員們（僱員）可是比你以為的還要認真觀察上司和企業主的行為與表現。

那麼，就請各位開始閱讀本書中可以讓你成為帥氣船長的各種具體方法吧。

神田知宜

目錄

第一章

「簿記」與「會計」的不同處為何？

第二章

什麼是「財務報表」？
預先掌握財務報表的概略結構

第四章

損益表（I ／ S）要關注的重點只有兩個
還有比銷貨收入更重要的數字

第五章

你會使用現金流量表（C／F）嗎？
想了解資金流向就要使用神田式現金流量計算表

第一章

「簿記」與
「會計」的不
同處為何？

簿記與會計的不同處為何？

如果有人問你簿記與會計有何不同，你會怎麼回答？

因為似懂非懂的人仍然不在少數，在此先做個概要說明。請參照右邊的圖。

● 「記錄」與「呈現」的不同

右圖為簡單的時間表，請想像圖表下方有一條由左至右推進的時間軸。圖表左下方有一個較短的雙箭頭記號，這代表公司營運狀況的原始數據，也就是「試算表」產出前的工作流程。這一部分屬於「簿記的範疇」。

相對的，試算表產出後的工作流程則以右側較長的雙箭頭記號表示，也就是「會計的範疇」。

簡言之，簿記是以產出試算表為終點，是一種「記錄的技術」。

會計則是簿記的最終成品，再依據使用者的需求而產出各式客製化財務資訊報表的技術。換句話說，會計是「呈現的技術」。

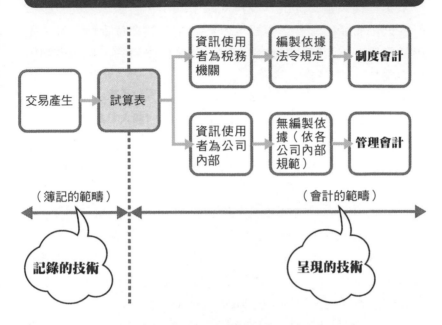

簿記與會計的差異

交易產生 → 試算表

試算表 → 資訊使用者為稅務機關 → 編製依據法令規定 → **制度會計**

試算表 → 資訊使用者為公司內部 → 無編製依據（依各公司內部規範）→ **管理會計**

（簿記的範疇） **記錄的技術**

（會計的範疇） **呈現的技術**

　　「記錄的技術」和「呈現的技術」的本質差異，正是「簿記」與「會計」最大的不同之處。

　　「簿記」一詞也可稱為產出試算表的專業能力。

　　以試算表為基礎，又可以產出包括「資產負債表」（Balance Sheet, B／S）、「損益表」（Income Statement, I／S）等各式財務報表，這些都是根據試算表的結果加以分類歸納而成。

● **根據資訊使用者的不同，「會計」的執行方式也會不同**

　　如前所言，「會計」是一門「呈現的技術」。

　　因此，依據財務資訊使用者的不同，中小企業的會計作業

可以概略分為「制度會計」與「管理會計」兩種基本模式。

第一種，是為提供「稅務機關」使用，將試算表的原始資料客製化而產出報表的模式。公司以年度為單位進行決算、產出財務報表。而這些財務報表又是為了什麼目的、如何編製出來的呢？

財務報表是根據公司法等法律規範編製而成。

然後，以此財務報表為基礎，再根據稅務法規（個人為綜合所得稅、公司為營利事業所得稅）加以調整，完成稅務申報書表。

以此自行向稅務機關提出稅務書表的作業稱為「申報」。財務報表即是稅務申報書表的附件[1]。

換言之，中小企業會計作業的第一個模式是「以稅務機關為資訊使用者」的會計，編製的重點必須遵循法令規範。也就是製作上會受到法律條文的制約。

這類會計因必須依制度面規範執行，所以稱為**「制度會計」**[2]。希望大家能夠牢記「制度會計」這個名詞。

第二種模式，則是以「公司內部」為資訊使用者而進行的會計作業。也就是為了「公司內部」的會計。

這類的會計作業不受到任何法律規定的規範或約束，因此在格式或內容上沒有任何限制。我自己為它取了個「隨心所欲會計」的暱稱，一般則將其稱為**「管理會計」**。

譯注：1. 在台灣，財務報表主要是依據商業會計法及商業會計處理準則編製而成的，再根據所得稅法加以調整，就完成了稅務申報書表。

2. 「制度會計」一詞是日本獨有的會計用語，在台灣或英語會計書中則以財務會計（Financial Accounting）來代表與管理會計相對的概念。

會計的兩大種類

以稅務機關為資訊使用者的會計 → 制度會計

以公司內部為資訊使用者的會計 → 管理會計

隨心所欲會計

● 以公司內部為使用者的數字「觀點」十分重要

各位應該還記得吧。25頁圖的左側，從「交易發生」到「試算表完成」的部分屬於「簿記工作人員的思考方式」。

提供申報書表給稅務機關的制度會計部分，則為「會計師事務所（或稅務士事務所）的思考方式」，屬於稅務申報代理者的工作範圍。

而管理會計的部分，則是「商業人的思考方式」、「決策者的思考方式」、或是「經營者的思考方式」的範疇。

由此可知，上述各種「思考方式」會在不同的場合派上用場，其著眼點也不盡相同。因此，如果希望全盤了解代表各種企業經營數據資訊，就完全不需要特別針對「簿記」的環節死命強記。

也不要認為要了解公司數字資訊的第一步就是參加簿記檢定考試。

制度會計的部分是稅務士的工作範圍，管理會計則是經營者的工作範圍；本書將以後者「管理會計」（隨心所欲會計）為主要內容。

　　換句話說，也就是希望各位能夠努力學習做為內部決策判斷依據的「管理會計」。但是，請不要預設立場認為管理會計會很難，請各位先享受閱讀這本書的過程吧。

　　各位有讀過陳列在書店的各類的「管理會計」書籍嗎？這些書籍內容真的是連我都覺得有夠難。

　　雖說有許多人在教授管理會計的課程，但通常是從事制度會計工作的人（例如說頭腦很好的會計師或稅務管理師）在做這件事。

　　而制度會計是非常複雜的作業，如果不先了解與掌握那些困難的專業知識便無法從事相關工作。

　　因此，若以制度會計的思考方式來教授管理會計的話，自然而然也會將其複雜化。也許授課者也知道必須轉換思考模式才能切中管理會計的精隨，但就是無法順利在兩種邏輯中切換。

　　請各位一定要記得「簿記」、「制度會計」、與「管理會計」背後代表著不同的邏輯思考系統。而本書雖然是以管理會計為主要內容，但卻非常簡明易懂。

何謂試算表？

在前言中我們有稍微談到試算表。在這裡則要做更進一步的詳細說明。

首先，請參考 30 頁的試算表範例，雖然只是粗略的例子，但試算表格式大致都脫不了這個型式。

● 企業每月的經營數據報表即為試算表

我想許多人都有同樣的疑問：「到底什麼是試算表？」

我認為試算表就是以月為單位的「資產負債表」（B／S）與「損益表」（I／S）。簡而言之，企業每月的經營數據報表即為試算表。在實務上會將每月的「資產負債表」（B／S）與「損益表」（I／S）稱為試算表，也有人稱為月試算表或是月財報。

這裡要稍微留意的是，月試算表的資產負債表（B／S）格式與年度財報中的資產負債表（B／S）格式略有不同。

制度會計中所使用的資產負債表（B／S）是以左（資產）、右（負債＋股東權益）平衡的方式呈現。

試算表─月份別資產負債表（B／S）與損益表（I／S）

總額餘額試算表（B／S）
起訖年月 民國 XX 年 3 月 1 日－民國 XX 年 3 月 31 日
數字敏感度世界公司　　　　　　　　【未稅金額】單位：元

會計科目	期初借方餘額	期初貸方餘額	本期借方	本期貸方	期末借方餘額	期末貸方餘額	比率
現金	99,000,000		0	9,000,000	90,000,000		100.00
資產合計							
應負票據							
負債合計							
股本							
淨資產合計							
負債與淨資產合計							

總額餘額試算表（I／S）
起訖年月 民國 XX 年 3 月 1 日－民國 XX 年 3 月 31 日
數字敏感度世界公司　　　　　　　　【未稅金額】單位：元

會計科目	期初借方餘額	期初貸方餘額	本期借方	本期貸方	期末借方餘額	期末貸方餘額	比率
銷貨收入		99,000,000	0	9,000,000		108,000,000	100.0
銷貨毛利							
薪資費用							
營業淨利							
利息收入							
繼續營業單位稅前淨利							
出售固定資產利益							
稅前淨利							
所得稅及其他稅費							
本期淨利							

※ 試算表的格式會因會計軟體的不同而多少有些微差異。

但在月試算表中，如同左頁例子所示，資產負債表（B／S）則是以直式表達。

　　而損益表（I／S），則不論試算表或財務報表的格式呈現方式皆大致相同。不過並沒有現金流量表（C／F）的試算表。

　　試算表僅有資產負債表（B／S）與損益表（I／S）兩種。

● 企業經營數據的驗算表

　　大家在日常工作中應該都有聽過「試算表什麼時候可以完成？」或是「先把 11 月份的試算表做出來」等的實際經驗。

　　偶爾也有人將試算表稱為 T／B。因為試算表的英文為 Trial Balance，故簡稱為 T／B。如果在日常工作中聽到有人說到 T／B，請立刻連想到試算表。僅僅如此，就能讓自己覺得會計能力增強了呢。

　　「Trial」有試驗或是檢查的意思，因此試算表名稱中的「試算」原本就是驗算的意思。

　　簿記領域中，為了要產出試算表會使用所謂「分類帳」的記錄方式。

　　相信各位應該都有聽過「借方」與「貸方」這兩個名詞，左（借方）右（貸方）兩邊數字一致乃是複式簿記的原則。

　　為了驗算左右兩邊數字是否一致而衍生出來的報表即為試算表，因此在英文中將其稱為「Trial Balance」。

試算表又可以細分為以下三種：「總額試算表」、「餘額試算表」及「總額餘額試算表」。

　　當聽到「讓我看一下試算表」的時候，偶爾會有人遞出「總額試算表」或是「餘額試算表」，不過這兩種試算表在實務上完全派不上用場；在實務上所指的試算表一定是「總額餘額試算表」。

- 總額試算表　　　→ ✕
- 餘額試算表　　　→ ✕
- 總額餘額試算表　→ ○

　　在進入正題之前，已先將本書中會使用到的會計定義及試算表等概念，重點式地說明完畢。

　　相信各位應該已經在腦海中整理出一點頭緒了。

　　從下一章開始會為各位解釋說明，前文中所提到的制度會計的財務報表基本要點。

第二章

什麼是
「財務報表」？

預先掌握財務報表的概略結構

財務報表總共有哪幾種分類？

　　財務報表（以下簡稱財報）如同第一章所述，是為了向稅務機關提出申報，將試算表的原始資料客製化所產出的報表。

　　換句話說，為了解某企業的經營成果，最好能先了解其財報，因為這是說明該企業營運狀況最具代表性的書面資料。

　　企業的經營者自然不在話下，管理階級的商場人士、業務員、或是以自行創業為目標的人，如果能夠了解財報的閱讀方式或是結構，都會對自己的工作有所助益。如果是菜鳥卻能夠讀懂企業的經營數據，那毫無疑問的，將會獲得來自周遭的高度評價！

　　本章將為各位說明財報的基本組織架構。如果不明白財報的內容和基本結構，自第三章起所介紹的「世界第一簡單易懂」的財報及企業經營數據閱讀方式的「撇步」就無法輕鬆順利地進入各位的腦袋中。

　　不過，有一點要事先聲明。

　　雖然已經盡作者所能以淺顯易懂的方式來說明，但本章因為與財報結構有關，其內容與坊間一般會計書籍的說明並無太大差異，對讀者們來說也許還是有些艱澀無趣。

　　已經具有財報相關知識的人，不妨先跳過本章，最後再以

超級速讀術回來翻閱本章做複習。

→大致了解財報架構與內容的人可以直接從第三章開始閱讀！

　　若是猶豫後還是決定繼續閱讀本章的讀者，因為本章的目的只是讓各位了解財報的基本架構，就算不詳讀每個段落內容也無妨。

　　以框線分隔，標註「略過也 OK」的部分，只要大致瀏覽過就可以繼續閱讀其後的章節了。

　　那麼，大家準備好了吧。

　　現在就開始說明財報的概要與基本架構。

● **財報可分為哪些種類？**

　　年度結算當月的試算表完成後，以向稅務機關提出為目的將會計科目做某種程度的分類整合、並依照規定與編製準則加以格式化的財務資訊，稱為財報。

　　各位知道所謂的財報包含了哪些報表嗎？

　　共有以下四種。

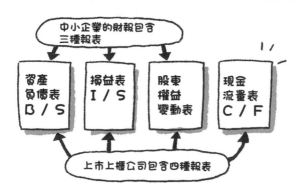

財報的種類

中小企業的財報包含三種報表

資產負債表 B／S

損益表 I／S

股東權益變動表

現金流量表 C／F

上市上櫃公司包含四種報表

- 資產負債表（B／S）
- 損益表（I／S）
- 股東權益變動表
- 現金流量表（C／F）

　　以上四種報表合稱為「財報」。不過實際上需要編製四種報表的僅有上市上櫃公司，未上市上櫃的中小企業狀況略有不同。

　　中小企業的財報僅有圖中的前三項，也就是中小企業的財報中不包含現金流量表（C／F）。

● 財報的名稱

　　謹慎起見，為各位整理財報中各報表的名稱及略稱。

　　「資產負債表」簡寫為「B／S」，在書寫的時候一般習慣在 B 與 S 之間打上斜線（／）。B／S 為英文 Balance Sheet 的縮寫。

　　「損益表」則簡寫為「I／S」，在書寫的時候與 B／S 相同，習慣在兩個字母之間打上斜線（／）。I／S 為 Income Statement 的縮寫。

　　「股東權益變動表」一般來說沒有簡稱，雖然有點長，不過習慣上會直接以全名書寫或稱呼。

「現金流量表」簡寫為「C／F」，同樣的，書寫的時候會在兩個字母間打上斜線（／）。C／F是Cash Flow Statement的縮寫。「C／S」的縮寫也被廣泛使用，在本書中為了簡明易懂則會固定使用「C／F」來代表現金流量表。

不論是哪一張報表的全名都有些長且拗口，所以在實務上大多是以略稱或縮寫來表示。也因此，偶爾會有人將這些報表的名字混淆弄錯，請各位讀者注意，不要犯下B／L或是P／S這樣的錯誤。如果在這種基本的小地方出錯可就太遜了。

中小企業的財報是依據公司法的規定編製而成，正式的名稱應為「計算書表」[1]，但在實務上很少稱其為「計算書表」，普遍還是都稱為「財報」。

「財報」並非法律上的正式稱呼而是俗稱。這樣子了解了嗎？

順帶一提，上市上櫃公司的財報是依據公司法及證券交易法等法律規定編製而成。正式的名稱為「財務報表」。提供給各位參考。

第二章　什麼是「財務報表」？

資產負債表的結構

本章的主要目的是為各位讀者概略地說明財報的架構，因此接下來會依照資產負債表（B／S）、損益表（I／S）、股東權益變動表及現金流量表（C／F）的順序依次介紹。

首先就從資產負債表（B／S）開始。

● 財報與試算表的最大差異

資產負債表（B／S），財報與試算表的格式截然不同。資產負債表（B／S）如同其英文名稱 Balance Sheet 所示，是一張左右對照的報表，但試算表並沒有這種對照的功能。

財報中的資產負債表（B／S）如同會計原理一般，以資產（左側）與其資金來源的負債與資本（右側）相對應的格式

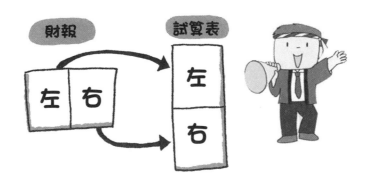

呈現。但在試算表中的資產負債表（B／S），雖然因會計軟體的不同而有所差異，但通常無法將負債與資本科目置於資產的橫向（右側），而多是將這些會計科目列在資產科目的下方。（ ▶157 頁）

左右並置對照的資產負債表（B／S）才是此張報表應有的形式，現在就來說明報表兩側的基本架構。

● 三大基本構成要素

40 頁所呈現的是資產負債表（B／S）的財報格式。

這張報表可以分為三大部分，並將其簡化為下方的圖。這個三片式拼圖般的圖應該經常可以在會計相關書籍中看到。用這個圖形就能輕易地掌握資產負債表（B／S）的概念。

三大要素分別為左半邊的「資產」、右上的「負債」以及右下的「淨資產」。

三者為資產負債表（B／S）的基本構成。

資產負債表示意圖

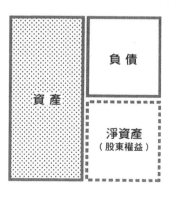

資產負債表

民國 XX 年 3 月 31 日

數字敏感度世界公司　　　　　　　　　　　　　　　　　單位：元

資產		負債	
科目	金額	科目	金額
【流動資產】	35,000,000	【流動負債】	
現金及銀行存款	16,000,000	應付票據	
應收票據	900,000	應付帳款	
	14,000,000	短期借款	
	500,000	其他應付款	1,110,000
	3,000,000	應付費用	400,000
預付款	40,000	應付所得稅	90,000
預付費用	160,000	其他應付稅款	800,000
短期債權	400,000	代收款	300,000
【固定資產】	15,000,000	預收款	100,000
【有形固定資產】	13,300,000	【長期負債】	5,000,000
房屋及建築	3,000,000	長期借款	5,000,000
	600,000	負債總計	15,000,000
	2,200,000	股東權益	
	1,600,000	【投入資本】	35,000,000
辦公設備	900,000	股本	20,000,000
土地	5,000,000	資本公積	
【無形資產】	190,000	法定資本公積	
通信加入權[1]	30,000	保留盈餘	15,000,000
電腦軟體	160,000	法定盈餘公積	0
【投資及其他資產】	1,510,000		
長期投資－有價證券	700,000		
其他投資	10,000		
高爾夫會員權	600,000		
保險契約還本金	200,000	股東權益總計	35,000,000
資產合計	50,000,000	負債及股東權益合計	50,000,000

容易變現（流動性高）的資產

不易變現（流動性低）的資產

未來有清償義務的借款等負債

未來無須清償屬於股東投資的部分

譯注：1. 這是日本特有會計科目，指參加日本電信電話公司（NTT）加入式電話的契約及線路架設權。

而其中的流動資產、固定資產等細項則以左頁報表所示的排列方式呈現。

報表中各科目的金額會隨公司而有所不同。左邊表格中的數字請視為一般中小企業的範例。

現在就讓我們來看一下這張表吧。

左側的「資產」部分，又細分為「流動資產」與「固定資產」。

固定資產項下又再分為「有形固定資產」、「無形資產」與「投資及其他資產」[2]。

一般來說，資產負債表（B／S）的內容大致如此。在各標題項下可以看到科目依序排列，「科目」的正式名稱為「會計科目」。

其實這些科目的排列順序背後，隱含著有趣且縝密的規則。

這個規則在閱讀財報的時候扮演非常重要的角色，本書會在第三章再為各位介紹。

現在這個階段，各位只要知道「原來有這些科目」，大致有個印象就可以了。

● 首先認識左側的「資產」

那麼就來一個一個認識資產負債表上的科目吧。

從左側的「資產」開始。

譯注：2. 台灣資產負債表的排列方式略有不同，「投資」一項不列入固定資產，而是依據其流動性來歸類，短期投資歸屬流動資產項下，非流動與長期投資則列於流動資產與固定資產之間。採用國際會計準則（IFRSs）後，則不再有「固定資產」的分類，所有資產依其流動性分列為「流動資產」與「非流動資產」。

【流動資產】

　　流動資產如同名稱所示，指的是流動性高的資產。具體而言，是指「**現金及其他預期能在一年內轉換成現金的資產**」。

　　以下是在 40 頁報表中出現的資產科目的內容說明，現在略過不讀、之後再回來看也沒關係。

＜流動資產科目說明＞→略過也 OK ！

■ 現金及銀行存款：如字面意思，指的就是現金與銀行存款。在試算表中會依照存款種類加以細分，如支票存款、一般活期存款、及定期存款等，但在財報中會整合成一個科目。

■ 應收票據及應收帳款：貨品或服務銷售完成但尚未取得其收入。進行財務分析的時候，又將這兩者統稱為應收銷貨款項。

■ 有價證券：股票等金融商品。

　　進行財務分析的時候，又將以上資產（現金及銀行存款、應收銷貨款項、有價證券）合稱為速動資產。速動資產不包含存貨。

■ 存貨：指企業持有以備出售但尚未出售的貨品。服務業與買賣業的存貨為「商品」，製造業則依據貨品完成度的不同，分有製成品、材料、在製品等科目。商品、製成品、材料及在製品在財務報表中皆歸類於存貨項下。

■ 預付款：應由客戶或雇員支付但由公司先行墊付的款項。

■ 預付費用：租金等持續性的費用中先行支付的部分。

■ 短期債權：公司將金錢借與他人的交易，通常會簽立金錢消費借貸契約。

【固定資產】

　　固定資產為「**供營業使用（而非出售）的資產**」。包含土地、建物與機器設備等。

剛剛也已經提到過，固定資產項下又可分為「有形固定資產」、「無形固定資產」及「投資及其他資產」三個種類。

資產在左側

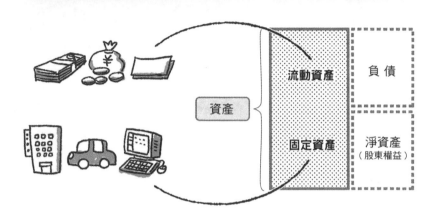

<固定資產科目說明>→**略過也 OK ！**

◎有形固定資產

- 房屋及建築：公司自有的大樓或倉庫等建物。

- 建築附屬改良物[3]：建物改良所花費的成本，或其他附屬於建物、無法單獨使用的設備。

- 機器設備：公司自行使用的機器設備等。

- 交通設備：公司自行使用的汽車等交通工具。

- 辦公設備：公司自行使用的辦公設備及購置金額在二十萬日圓以上的電腦設備[4]。

- 土地：公司自有的土地。

譯注：3. 在台灣，建築附屬改良物的會計科目分類通常將此項列為房屋及建築，在於財報中不會單獨列示。

4. 台灣的部分依據營利事業所得稅查核準則第 77-1 條的規定，購置固定資產支出金額超過新台幣 8 萬元以上者應列為固定資產。

◎無形固定資產

■ 通信加入權：以公司名義與電信電話公司簽訂的通信及線路架設契約。

■ 電腦軟體：公司自行使用的電腦軟體。

◎投資及其他資產

■ 長期投資－有價證券：以長期持有為目的的股票等有價證券。

■ 其他投資：指的是公司投資於非股份公司，如信用合作社、有限公司等法人所持有的社股持份。

■ 高爾夫會員權：以公司名義持有的高爾夫會員證等。

■ 保險契約還本金：已支付的保險費中，把將來可以還本的部分列為資產。

● 右側以「負債」（借款）為首

左側的「資產」類已經說明完畢，接下來我們來看看右側的「負債」。

請各位注意看一下第 40 頁的範例。

負債項下有「流動負債」與「長期負債」兩個小標吧。整體結構比起左側的資產來說簡單很多。

現在這個階段跟資產科目一樣，各位只要知道大概有這些科目就可以了，稍微過目有點印象就好。

【流動負債】

流動負債簡單來說，就是在短期間內必須償還的借款（債務）。具體而言，指的是**「必須在一年內償還的借款等負債」**。

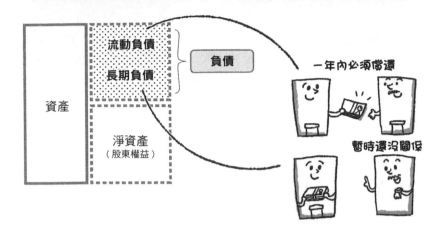

負債在右上

<流動負債科目說明>→**略過也 OK ！**

- 應付票據與應付帳款：進貨或購買勞務但尚未支付相對應成本的部分。進行財務分析的時候，又將這兩者統稱為應付進貨款項。

- 短期借款：主要指向金融機關借入的借款。但在中小企業中，除了向金融機關借款之外，很多時候也會有公司向企業主借入營運資金的狀況，這一部分在實務上又稱為私人借款。

- 其他應付款：應付未付的成本支出，與進貨或購買勞務產生的應付票據，與應付帳款性質接近，請特別留意。

- 應付費用：利息等持續性的費用尚未支付的部分。

- 應付所得稅：應付未付的所得稅。

- 其他應付稅款：除所得稅外，其他應付未付的稅款。

- 代收款：從員工薪資或支付給稅務士報酬等費用中先行扣除、但尚未支付給政府的就源扣繳所得稅等款項。

■ 預收款：從顧客處收取的預付款等款項。

【長期負債】

　　長期負債就是「**借款期間在一年以上的負債**」。清償期間較長，借款金額在短期內不會有所變動，因而稱為「長期」負債。

＜長期負債科目說明＞→略過也 OK ！

■ 長期借款：主要是指向金融機關借入的借款。在中小企業中，向企業主借入的營運資金如果長期未清償，把相對應的借款金額的會計科目由短期借款移至長期借款的例子也很常見。

● 極為重要的「淨資產」（股東權益）

　　在資產負債表（B／S）說明的尾聲，要介紹的是位於報表右下方的「淨資產」。

　　淨資產也就是股東權益，請再回過頭確認一下第 40 頁的資產負債表，淨資產與資產或負債項目有著截然不同的獨特結構。

【股東權益】

　　如字面所示，這是股東出資購買公司所有權的投入資本、或是公司經營所累積的營運成果中歸屬於股東的部分。若以中小企業為例，則可想成是屬於公司所有人或企業主的資金。

<淨資產（股東權益）科目說明>→**略過也 OK ！**

■ 股本：初期投入的營運資金。40 頁範例中這個科目金額為 2,000 萬元，
可以理解為公司成立之初以 2,000 萬為本金設立公司。

■ 保留盈餘：公司經營所累積的歷年結餘。40 頁範例中這個科目金額
為 1,500 萬元，表示公司自成立到製作資產負債表日為止的歷年結餘
為 1,500 萬元。

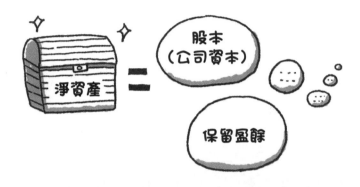

淨資產在右下

淨資產的部分，除了「股本」與「保留盈餘」這兩個科目以外的項目，在剛開始接觸財務報表的階段，全部忽略也沒有關係。

　　以上是針對資產負債表（B／S）的架構與內容的概要說明。我已經說過許多次，先跳過本章往下閱讀，最後再回頭翻閱此章也完全不妨礙閱讀的進行喔。即便如此也完全不影響透過本書學習閱讀並了解財報的過程。

損益表的結構

接下來，讓我們進行有關損益表（I／S）的結構與內容的概要說明。

損益表（I／S），不像之前介紹的資產負債表，其財報格式與試算表格式之間並沒有太大的差異。

另外，我個人認為損益表（I／S）的編製邏輯更接近我們的直覺，感覺上應該比較容易了解。50頁為損益表的範例，可能各位在工作上曾經看過類似的報表。在範例中為了讓各位一眼就能掌握損益表的結構，分別在五個「利益」項目打上了記號便於閱讀。

● 損益表中的「利益」並非分為五大類

在有關損益表（I／S）的說明中，通常會提到「損益表中包含了五個種類的利益」。

不過這個說法其實是錯誤的，利益並沒有五個種類。我會在本章接下來的內容中說明這個問題的答案。

從結論簡單來說，就是「所謂的利益只有一種」。這是閱讀損益表（I／S）的最大重點。

首先，我們就來看看損益表（I／S）的內容吧。

損益表（I ／ S）範例

損益表

自民國 XX 年 4 月 1 日至民國 3 月 31 日[5]

數字敏感度世界公司　　　　　　　　　　　　　　單位：元

科目	金額	
【銷貨收入】		
銷貨收入	108,000,000	108,000,000
【銷貨成本】		
期初存貨	5,000,000	
本期進貨	34,000,000	
可售商品總額　合　計	39,000,000	
─ 期末存貨	3,000,000	36,000,000
銷貨毛利		72,000,000
【推銷及管理總務費用】		
薪資支出－董監事酬勞	27,000,000	
薪資支出－一般員工	15,300,000	
勞工社會保險費	280,000	
職工福利費	100,000	
旅運交通費	600,000	
水電瓦斯費	360,000	
文具用品／其他消耗品	100,000	
保險費	40,000	
稅捐	150,000	
折舊費用	2,600,000	
郵電費	360,000	
會議雜費[6]	30,000	
交際費	100,000	
手續費	500,000	
廣告宣傳費	400,000	
訓練費	50,000	
其他費用	29,000	47,999,000
營業淨利		24,001,000
【營業外收入及利益】		
利息收入	16,000	
什項收入	150,000	166,000
【營業外費用及損失】		
利息費用	167,000	167,000
繼續營業單位稅前淨利		24,000,000
【非常利益】		
出售固定資產利得	1,000,000	1,000,000
【非常損失】		
處分固定資產損失	1,000,000	1,000,000
稅前淨利		24,000,000
所得稅費用		90,000
本期淨利		23,910,000

譯注：5. 日本會計年度採非曆年制的四月制，會計期間為當年四月一日至隔年三月三十一日。台灣則採曆年制以每年一月一日起至十二月三十一日止為會計年度。

　　　6. 台灣的費用科目通常不會將會議相關費用單獨列出，一般會視其費用性質分列至相關科目，或是列入其他費用。

損益表的格式非常簡單明瞭，從上至下的大項分別為銷貨收入、營業費用、本業外其他收入與支出、最後是稅務支出；基本上是由上而下進行相減計算得出最終損益結果的格式。

- ■ 銷貨收入：就是銷售所獲得的金額。會計上是在銷貨行為完成時，而非收到銷貨價金時認列銷貨收入。範例中的銷貨收入金額為 1 億零 8 百萬元。
- ■ 銷貨成本：為已銷售貨物之成本。舉例說明，以 100 元購入而以 130 元出售的商品，銷貨收入為 130 元，銷貨成本為 100 元。範例中的銷貨成本為 3,600 萬元。

　　以上兩者相減即為**「銷貨毛利」**，也稱為**「營業毛利」**。

　　銷貨毛利等於銷貨收入與銷貨成本之間的差額。範例中的銷貨毛利為 7,200 萬元。負數（赤字）則表示有銷貨毛損。

- ■ 推銷及管理總務費用：就是經營過程中所發生的費用。請注意一下範例中的費用會計科目，包括薪資費用、旅運交通費、水電瓦斯費、郵電費等，一般常見的費用科目大致都已在範例中呈現。

  「推銷及管理總務費用」的名稱太長，推銷費用與管理總務費用兩者又合稱為「營業費用」。範例中的推銷及管理總務費用為 4,799 萬零 9 千元。

　　結果得出**「營業淨利」**。

　　這是剛剛的銷貨毛利減去推銷及管理總務費用所得到的數

字。範例中的營業淨利為 2,400 萬零 1 千元。營業淨利為公司、企業從事本業活動所賺得的利益。負數（赤字）則表示有營業淨損。

- 營業外收入及利益：為利息收入、出售有價證券的投資收益、匯兌利益或什項收入等與本業活動無關的收益。範例中的營業外收入及利益金額為 16 萬 6 千元。
- 營業外費用及損失：為利息費用、出售有價證券的投資損失、匯兌損失或什項費用等與本業活動無關的支出。範例中的營業外費用及損失金額為 16 萬 7 千元。

結果算出「**繼續營業單位稅前淨利**」。

這是將營業淨利加上營業外收入及利益、減除營業外費用及損失後的金額。範例中的繼續營業單位稅前淨利為 2,400 萬元。

繼續營業單位稅前淨利為經常性的經營活動所賺得的利益。負數（赤字）則表示有繼續營業單位稅前淨損。

- 非常利益：為出售固定資產利得等非常態性經營活動所發生的利益。範例中的非常利益為 100 萬元。
- 非常損失：為處分固定資產損失等非常態性經營活動所發生的損失。範例中的非常損失金額為 100 萬元。

計算出「**稅前淨利**」。

　　這是將繼續營業單位稅前淨利加上非常利益、減除非常損失後的金額。範例中的稅前淨利金額為 2,400 萬元。負數（赤字）則表示有稅前淨損。

　　「**本期淨利**」則是自稅前淨利扣除所得稅費用之後的金額。範例中的本期淨利為 2,391 萬元。

　　本期淨利也就是所謂的最終損益。負數（赤字）則表示有本期淨損。

「利益」有
各種名稱啊

銷貨毛利
營業淨利
繼續營業單位稅前淨利
稅前淨利
本期淨利

股東權益變動表與現金流量表

接下來，要介紹在中小企業的財報中非常不起眼的一種報表，也就是股東權益變動表（ ▶ 右頁）。

● 什麼是股東權益變動表？

請各位讀者放心，對於股東權益變動表其實不必太過在意。

簡單來說，股東權益變動表就是在資產負債表（B／S）的報表右下淨資產部分（ ▶ 40 頁）的期中增減變動表。

如果在該會計期間內有頻繁增資的話，當然股東權益變動表的數字會有比較劇烈的變動，如果沒有，這張表其實不會有太多變化，因此無須特別在意。只有代表歷年累積結餘的「保留盈餘」的部分會有所變動。

右頁的範例中，到前期期末為止累積結餘（保留盈餘）的金額為負 891 萬元，本期的最終損益（本期淨利）為 2,391 萬元，因此到本期期末為止的累積結餘（保留盈餘）為以上兩者相加，等於 1,500 萬元。

股東權益變動表

自民國 XX 年 4 月 1 日至民國 3 月 31 日

數字敏感度世界公司　　　　　　　　　　　　　　　單位：元

【股東權益】

股本	前期期末餘額	20,000,000
	本期期末餘額	20,000,000

【資本公積】

法定資本公積	前期期末餘額	0
	本期期末餘額	0
資本公積合計	前期期末餘額	0
	本期期末餘額	0

【保留盈餘】

法定盈餘公積	前期期末餘額	0
	本期期末餘額	0
⬭保留盈餘		
	前期期末餘額	(8,910,000)
	當期變動　　⬭本期淨利	23,910,000
	本期期末餘額	15,000,000
保留盈餘合計	前期期末餘額	(8,910,000)
	當期變動	23,910,000
	本期期末餘額	15,000,000
股東權益合計	前期期末餘額	11,090,000
	當期變動	23,910,000
	本期期末餘額	35,000,000
淨資產合計	前期期末餘額	11,090,000
	當期變動	23,910,000
	本期期末餘額	35,000,000

順便一提，在財報中一般常會在負數金額兩側加上括號
（　）、或是在數字前加上▲或△的符號來代表負值。

現金流量表（C／F）範例

【現金流量表】間接法[7]	
I　營業活動之淨現金流入（流出）	
未調整所得稅費用前本期淨利	XXX
折舊費用	XXX
呆帳費用提列數	XXX
利息／股利收入	－ XXX
利息費用	XXX
未實現匯兌損失	XXX
出售固定資產利得	－ XXX
應收銷貨款項（應收票據＋應收帳款）增加	－ XXX
存貨減少	XXX
應付進貨款項（應付票據＋應付帳款）減少	－ XXX
小計	XXX
本期利息／股利收入收現數	XXX
本期支付利息	－ XXX
本期支付所得稅	－ XXX
營業活動之淨現金流入（流出）	XXX
II　投資活動之淨現金流入（流出）	
取得有價證券	－ XXX
處分有價證券價款	XXX
取得固定資產	－ XXX
處分固定資產價款	XXX
新增短期債權	－ XXX
回收短期債權	XXX
投資活動之淨現金流入（流出）	XXX
III　融資活動之淨現金流入（流出）	
舉借借款	XXX
清償借款	－ XXX
贖回公司債	－ XXX
發行新股	XXX
融資活動之淨現金流入（流出）	XXX
IV　本期現金及約當現金淨增（減）數	XXX
V　期初現金及約當現金餘額	XXX
VI　期末現金及約當現金餘額	XXX

譯注：7. 現金流量表的編製方式主要有二種：（1）間接法，以損益表中的「本期損益」為起點，調整成當年度的淨現金流入或流出，（2）直接法，直接從損益表中將應計基礎改為現金基礎，列示各項營業活動現金流入的來源及現金流出的去路。

● 什麼是現金流量表？

　　現金流量表（C／F）的格式與概要內容請參照左頁範例。

　　不過之前已經提過，只有上市上櫃公司的財報需要編製現金流量表（C／F），中小企業的財報則不包含現金流量表（C／F）。

　　在本書第五章中，我會以獨創的解讀方式帶領各位了解現金流量表（C／F），因此只要仔細閱讀該章內容就足夠了。

　　本章雖然是有關財報的解說單元，但請各位同時要記得試算表與財報的格式略有出入，尤其是資產負債表（B／S）的試算表與財報格式大不相同。

　　將本章重點簡單為各位歸納整理。

　　做為公司、企業內部的管理資料之用，**每月**編製的資產負債表（B／S）、損益表（I／S）稱為「試算表」，而向稅務機關提出，每年一次編製的資產負債表（B／S）、損益表（I／S）及股東權益變動表則稱為「財報」。

　　試算表每月編製。財報則是為了稅務申報在每年度決算的時候編製。

　　以年度決算當月的試算表數字為基礎，將格式略加調整之後即為財務報表。因此，決算當月的試算表與財報的數字會完全一致。雖然數字結果一致但兩者的格式則不盡相同。

　　也許有點牽強，不過以餐廳來比喻的話，試算表就像是員工伙食，而財報就像是端上檯面給客人的餐點。

　　有時反倒是員工伙食比較美味吧。

　　端上檯面給客人的餐點當然是美觀與美味兼具，但常常是

外觀不太起眼的員工伙食更讓人感到美味滿足。

　　為了要了解經營內容、成為俐落的經營舵手，比起以外部公告、申報為目的的財報，自然還是試算表才是最有力的輔助工具。財報僅是每年度一次的財務資訊，因此以做為企業經營方向盤的功能來說，幾乎是派不上用場。

　　此外，直接從電腦列印出來的試算表也無法成為協助企業經營的利器。要讓每月的試算表能夠成為協助運籌帷幄的指南針，還須花一點功夫，也有一些必要的「撇步」。

　　這些內容將會在本書的後半段說明，請各位拭目以待。

　　那麼，差不多該進入正題了。請各位繼續閱讀以下的章節，學習不枯燥無聊，將資產負債表（B／S）及損益表（I／S）在腦海中具象化的方法吧。

第三章

讀懂資產負債表
（B／S）

左側與右側的閱讀重點

一言以蔽之，
何謂資產負債表？

在前一章中我們已經大致介紹過了財報的基本架構，從本章要正式進入本書的主題了。

首先從資產負債表（B／S）開始。

損益表（I／S）由於是由上往下依序減去各項目的計算表，多數的人多少可以了解，相對的，對資產負債表（B／S）感到頭痛的人似乎占了多數。

因此，在本章中就來說明「讀懂資產負債表（B／S）的撇步」及「使用資產負債表（B／S）的關鍵」。

● **資產負債表的本質是「所有物清單」？**

「如果要讓小學三年級的小朋友也能夠了解資產負債表（B／S），你要如何用一句話來說明呢？」

如果有人這麼問你，你有辦法馬上做答嗎？其實一言以蔽之，資產負債表就是「所有物清單」。

更進一步說明的話，就是「金錢與物品一覽表」。以右頁的圖表為例，就是左側的點狀區塊。

「金錢與物品一覽表」就是資產負債表（B／S）的本質。

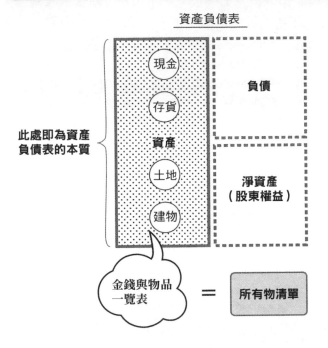

資產負債表是「所有物清單」

資產負債表

| 資產 | 負債 |
| 現金 存貨 土地 建物 | 淨資產（股東權益） |

此處即為資產負債表的本質

金錢與物品一覽表 ＝ 所有物清單

　　在前文裡曾將經營企業比喻為「航海」，而資產負債表（B／S）就好比是航行時的物資清單。

　　航行中每天確認掌握船上有哪些物資、各種物資又有多少數量，對於船長（企業主或管理階層）來說是一件多麼重要的事情，自是不言可喻。

　　這些物資就在資產負債表中的左側呈現，包括現金、銀行存款、商品、製成品、房屋與建築、土地等，依據企業狀況不同而有各式各樣的項目，當然如果持有有價證券的話也會呈現

在資產負債表的左側。

資產負債表（B／S）左側的部分即代表了此張報表的「本質」。謹慎起見，再次提供資產負債表（B／S）的範例如下，請各位確認一下資產負債表（B／S）左側的各個項目。

資產負債表（B／S）範例

資產負債表

民國 XX 年 3 月 31 日

數字敏感度世界公司　　　　　　　　　　　　　　　單位：元

資產		負債	
科目	金額	科目	金額
【流動資產】	35,000,000	【流動負債】	10,000,000
現金及銀行存款	16,000,000	應付票據	500,000
應收票據	900,000	應付帳款	3,200,000
應收帳款	14,000,000	短期借款	3,500,000
短期投資－有價證券	500,000	其他應付款	1,110,000
存貨－商品	3,000,000	應付費用	400,000
預付款	40,000	應付所得稅	90,000
預付費用	160,000	其他應付稅款	800,000
短期債權	400,000	代收款	300,000
【固定資產】	15,000,000	預收款	100,000
【有形固定資產】	13,300,000	【長期負債】	5,000,000
房屋及建築	3,000,000	長期借款	5,000,000
建築附屬改良物	600,000	負債總計	15,000,000
機器設備	2,200,000	股東權益	
交通設備	1,600,000	【投入資本】	35,000,000
辦公設備	900,000	股本	20,000,000
土地	5,000,000	資本公積	0
【無形資產】	190,000	法定資本公積	
通信加入權	30,000	保留盈餘	15,000,000
電腦軟體	160,000	法定盈餘公績	0
【投資及其他資產】	1,510,000		
長期投資－有價證券	700,000		
其他投資	10,000		
高爾夫會員權	600,000		
保險契約還本金	200,000	股東權益總計	35,000,000
資產合計	50,000,000	負債及股東權益合計	50,000,000

悠遊於現實與虛擬世界

● 資產負債表左側為「現實世界」

　　剛剛已提到過，資產負債表（B／S）是所有物清單，接下來就來具體說明，讓各位能夠更進一步了解上述所有物的內容。

　　首先，報表左側的「資產」項目為「現實世界」。

　　既然稱為現實，親眼所見、可以接觸、實際擁有的有形物質便會在此項目中呈現，因此稱為「現實世界」。

　　而說到資產負債表（B／S）最清楚的地方，就在於報表右上方也記錄了「負債金額」。簡言之，也就是日後需要償還給他人（債權人）的金額項目。

　　可以親眼所見、接觸並實際擁有的物品在第 64 頁圖例中左側的點狀區塊，也就是「資產」。

　　舉例來說，圖中的資產僅有現金一項，總金額為 1 億元。

　　若是要看資產中有多少是必須償還給他人的部分，其金額則呈現在圖中右側以虛線框起的部分。

　　若是需要償還與他人的部分為 3 千萬元，虛線框線內側的

金額即為 3 千萬元。圖例中呈現的財務狀況為，持有現金 1 億元，但其中包含必須償還給他人的 3 千萬元。

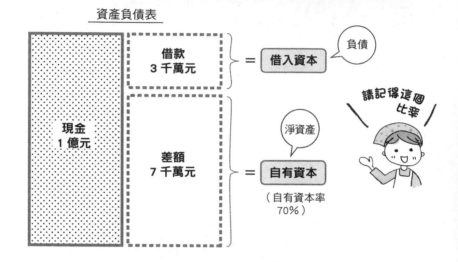

借入資本與自有資本

資產負債表

現金 1 億元

借款 3 千萬元 ＝ 借入資本 （負債）

差額 7 千萬元 ＝ 自有資本 （淨資產）
（自有資本率 70％）

請記得這個比率

如此一來，若是將借款 3 千萬全部還清之後，自己還剩下多少資產呢？支付了 3 千萬後，口袋裡還有 7 千萬元吧。

那麼，這 7 千萬元的性質是什麼呢？

簡單來說，這 7 千萬元就是「差額」。

資產有現金 1 億元，借款有 3 千萬元的話，其間的「差額」，也就是「無需清償」的部分為 7 千萬元。7 千萬元只是單純的「差額」。

借款—也就是必須償還給他人的部分，希望大家能夠稍微記一下相關的專業名詞，在管理會計上，這一部分稱為**「借入資本」**。

　　相對於此，無需清償、屬於自有的部分，在管理會計上稱為**「自有資本」**。

　　而在制度會計的分類上，稱「借入資本」為「負債」，是比較困難的名詞。另外，「自有資本」的部分則稱為「淨資產」。在財報中會使用這兩個名詞，但因其名稱較難以理解，在本書中將使用管理會計名詞「借入資本」與「自有資本」來做說明。

● 資產負債表右側為「虛擬世界」

　　資產負債表（B／S）右側則為借款與自有資本。這兩個項目我們無法親眼所見、接觸或實際擁有。

　　如果有人問你「什麼是借款？」，你會如何回答？可以實際擁有嗎？

　　能夠實際擁有的是「（向他人借來的）現金」吧？而「現金」會被列在資產負債表（B／S）左側的資產項下（現實世界）。

　　所謂的借款，其實只是一種概念，也就是必須清償支付的「義務」。而「義務」是無法親眼所見、實際擁有的。

　　此外，在剛剛的例子中，我們將 7 千萬元的「自有資本」稱為單純的「差額」，「差額」也同樣是無法親眼所見、實際擁有的。因此，我將資產負債表（B／S）右側稱為「虛擬世界」，也就是一個假想的世界。

左為現實，右為虛擬

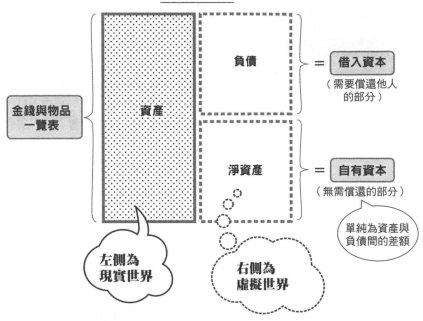

資產負債表

金錢與物品一覽表

資產

負債 = 借入資本（需要償還他人的部分）

淨資產 = 自有資本（無需償還的部分）

單純為資產與負債間的差額

左側為現實世界

右側為虛擬世界

　　資產負債表（B／S）的左側與右側是完全不同的世界，請各位先牢記，資產負債表（B／S）的本質，全部呈現只在左側的現實世界中。

　　而右側的虛擬世界，只要想像其為廣闊的假想世界就可以了。

　　在此我要提出一個問題。

　　借款多的公司與借款少的公司，各位認為何者才是「好公

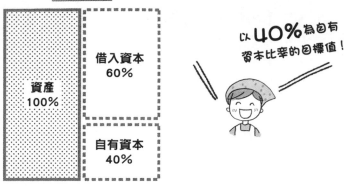

自有資本比率的目標值

資產負債表

| 資產 100% | 借入資本 60% |
| | 自有資本 40% |

以 **40%** 為自有資本比率的目標值！

司」呢？

　　很簡單吧，當然是借款少的公司才是好公司囉。那麼，我們來反向思考一下這個問題吧。

　　借款少的好公司，反過來說，也就是自有資本高、公司財務體質較健全的好公司。

　　這就是重點所在，所謂財務體質健全，即指公司資本的安全性高，簡單來說，也就是「不易破產」。

　　再一次為各位整理應該掌握的重點：

　　首先，資產負債表（Ｂ／Ｓ）左側為「現實世界」，右側則為「虛擬世界」，左右兩側截然不同。

　　其次，資產負債表（Ｂ／Ｓ）的本質為左側的現實世界（資產）。

第三章　讀懂資產負債表（Ｂ／Ｓ）

最後，自有資本金額愈高的公司，視為財務體質愈健全、愈不易破產的公司。

　　通常自有資本比率40％是理想數值，也是一般經營上設定為目標的比率值。

　　關於自有資本比率，在第96頁會再次為各位進一步說明。

資產負債表是優先順位表

那麼，繼續往下說明。

其實，資產負債表各科目的排列方式，都有固定的邏輯及規則。

是什麼規則呢？那就是左側的資產，是以「流動性」的高低來排序。從這裡開始的說明內容將會愈來愈有趣喔。

● 左側資產以「流動性」的高低排序

也就是說，資產負債表（Ｂ／Ｓ）的左側，是以「該資產轉換為現金的難易程度來排列，排序愈上位者，愈容易轉換為現金」。

因此，現金列在第一位、銀行存款列於其後，再來依序是應收帳款、存貨、房屋及土地。

列在資產負債表左側愈下方者，該資產就愈難轉換為現金，可以參考對照 62 頁的資產負債表（Ｂ／Ｓ）左側項目。

● 右側負債以「清償順位」的先後排序

反之，資產負債表（Ｂ／Ｓ）的右側則是以「負債到期清償所需的時間長短」的順序排列。

需要愈早清償的負債，就排在愈上面，而列在右側最下方的自有資本，則表示這一部分並沒有清償的義務。

　　報表右上方的借入資本中，首先列有應付帳款、其他應付款及短期借款等流動負債，而下方再接著排列長期借款（長期負債），其需要清償的時間較流動負債晚。這就是負債部分排列順序的代表意義。

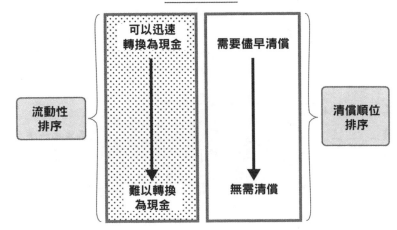

● 如何才是「好看的」資產負債表？

　　這一段內容非常重要，請各位一定要牢記喔！

　　流動性高的資產愈多，公司經營起來就愈輕鬆，這一點應該很容易了解吧。

若總是持有難以轉換為現金的土地，光靠土地是無法維持營運的；也就是說，在資產負債表（Ｂ／Ｓ）的左側，若是數字金額集中在上方就會是「好看的」報表。

相反的，以資產負債表（Ｂ／Ｓ）的右側來說，無需償還給他人的部分愈多，那麼公司經營起來就愈輕鬆。

這是理所當然的，如果公司的營運資本大多是來自於必須早日償還給他人的借款，在管理營運上一定會綁手綁腳的。

也就是說，在資產負債表（Ｂ／Ｓ）的右側，數字金額集中在下方才會是「好看的」報表。

在此略做整理，資產負債表（Ｂ／Ｓ）可以說是將流動性排行榜與清償順位排行榜兩個排行榜結合而成的報表。左側是流動性排行榜，右側則為清償順位排行榜。

因此，

「資產負債表（Ｂ／Ｓ）的左側需要鍛鍊上半身」

「資產負債表（Ｂ／Ｓ）的右側需要鍛鍊下半身」

這是不變的法則。

經常有人用這種方式說明資產負債表，因此，可能有些讀者曾經聽過，若是第一次看到這個法則的讀者，請務必將它牢記於心。

大部分的人在看到資產負債表（Ｂ／Ｓ）的時候都會有些茫然，不知道該如何掌握報表中的資訊。不過，從今天開始你將有所改變。

「資產負債表（Ｂ／Ｓ）的左側需要鍛鍊上半身，數字金額若是集中在上方就是好的資產負債表（Ｂ／Ｓ）」。

「資產負債表（Ｂ／Ｓ）的右側需要鍛鍊下半身，數字金

額若是集中在下方就是好的資產負債表（B／S）」。

　　若是意識到這個法則，便能夠漸漸掌握資產負債表中的資訊。若你身為公司的經營者或管理階層，只要以這法則為基準，公司經營也將會愈來愈得心應手。

資產負債表的固定法則

注意資產負債表的橫向平衡

● 資產或負債皆以一年為基準

在看制度會計的資產負債表（B／S）時，會看到「流動資產」與「固定資產」等名詞，接下來將針對這些項目進行有些艱澀的說明。

如同第二章提到過的，以「一年基準」為標準，在一年內會將該資產轉換為現金者，列為「流動資產」，若無，則將其列為「固定資產」。（▶74頁上圖）

負債側也相同，必須在一年內清償者為「流動負債」，清償期限超過一年者則為「長期負債」。（▶74頁下圖）

借款中也分為「短期借款」與「長期借款」，此一分類同樣也是依據「一年基準」來區分。「一年基準」也許聽起來像是玩笑話，但這是會計上的專門用語，也稱為「One Year Rule」[1]。

● 如何判斷是否達到橫向平衡

而透過「一年基準」我們能夠評估了解的，正是資產負債表（B／S）的「橫向平衡」。

譯注：1.「一年基準」及「One Year Rule」皆為日本簿記／會計用語。台灣一般對於流動資產的定義：指現金或其他預期能在一年或一營業週期（operating cycle）內（以較長者為準）轉換為現金、出售或消耗的資產；對於流動負債的定義：指一年或一營業週期內（以較長者為準）以流動資產或其他流動資產償還的負債。定義中雖有提到可使用營業週期作為判斷基準，實務上通常仍以一年做為判斷是否為流動資產／負債的標準。

第三章 讀懂資產負債表（B／S）

資產的一年基準

資產負債表

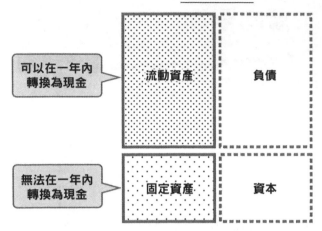

可以在一年內
轉換為現金

無法在一年內
轉換為現金

負債的一年基準

資產負債表

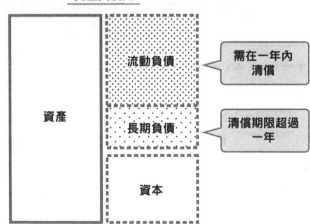

需在一年內
清償

清償期限超過
一年

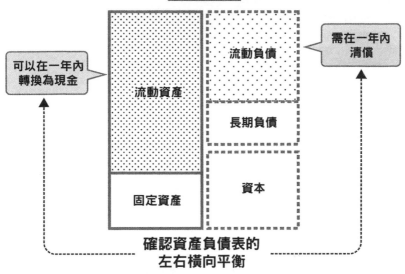

圖解流動比率

資產負債表

可以在一年內
轉換為現金

需在一年內
清償

流動資產

流動負債

長期負債

固定資產

資本

**確認資產負債表的
左右橫向平衡**

　　剛剛提到的「左側鍛鍊上半身及右側鍛鍊下半身」是增進資產負債表（Ｂ／Ｓ）縱向平衡的不二法則，若是縱向平衡好的話，報表的橫向平衡也會連帶地變好。

　　為了使報表使用者容易確認資產負債表的橫向平衡，因而有了「一年基準」（One Year Rule）。

　　簡而言之，「一年基準」就是這麼回事。

　　舉例來說，若將必須在一年內清償完畢的金額設定為基數100，那麼如果能夠在一年以內轉換為現金的資產金額高於基數100，就可以安心不必煩惱屆時無法如期還款。若是一年之

內可以轉換為現金的資產金額指數高達 200 或 300 就更不用擔心了，這就是有注意資產負債表橫向平衡的結果。

也就是說，一年內必須清償的負債稱為流動負債，一年內轉換為現金的資產稱為流動資產，相對於流動負債的金額，至少要有等額、或甚至是二到三倍的流動資產，在經營上才會比較安心而有餘裕的狀態。

以資產負債表的圖表來看，便是比較左上與右上區域的面積大小，左側大而右側小的話，便是「好看的」財報。

而橫向平衡又稱為**「流動比率」**。

再讓我們來看一下實際財報的數字。

以 62 頁的資產負債表（B／S）為例，流動負債 1,000 萬元，流動資產 3,500 萬元，流動比率為 3.5 倍（350％）。因此可以確知該公司在流動性上沒有問題。

你自己的公司或企業組織的流動比率是多少百分比？

與一年前的數字相比是進步？還是退步呢？

這是很簡單的計算方式，就請各位自行確認一下吧。

若是自認為這個比率應該有在逐漸進步，但實際計算下來的結果卻退步的話，可是不行的。

糟糕的並不是比率退步，而是你對於「自己的公司是否賺錢」的感覺，也就是「數字敏感度」實在太過遲鈍，一定得要多注意。

那麼，反過來說又如何？

原本以為這個比率的計算結果一定很差，不過沒想到算出來的數字比預期的要好…。其實這也是很不行的。

這也是數字敏感度遲鈍的表現，非常糟糕喔。當然這樣的狀況不限於流動比率的計算，其他各式各樣的數據或比率計算也是一樣的道理。

資產負債表的正確閱讀方式 ──左側上半身的鍛鍊方式

接下來,針對「資產負債表(B∕S)的左側需要鍛鍊上半身」及「資產負債表(B∕S)的右側需要鍛鍊下半身」,具體應該如何進行的部分加以說明。

這對身為管理階層或是企業經營者的讀者來說,都是必須思考的營運課題。

在看其他公司的財報時,這些原則也很有幫助,若是針對這些要點來做分析,便可立刻知道該公司屬於精實的肌肉型、或是代謝不良的虛胖型。

● 減少不需要的資產

首先說明的是左側上半身的鍛鍊方法。在右頁的資產負債表(B∕S)中,左側(資產)下方寫有「1. 應收帳款」、「2. 存貨」、「3. 其他」。

這是左側上半身的鍛鍊順序。

首先說明「1. 應收帳款」。

若應收帳款中有超過收帳期間但尚未收回的部分,不管是傳真也好、打電話給對方也好,都必須要儘早收回這些的款項。

應收帳款減少表示現金增加,帳款回收也表示報表上的金

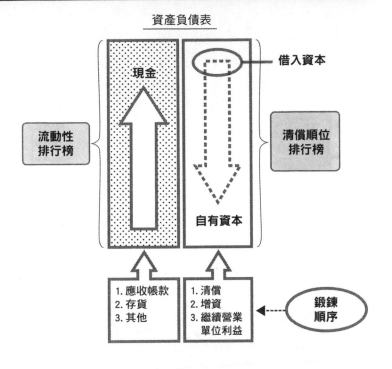

圖解流動比率（Current Ratio）

資產負債表

借入資本

現金

流動性
排行榜

清償順位
排行榜

自有資本

1. 應收帳款
2. 存貨
3. 其他

1. 清償
2. 增資
3. 繼續營業
　單位利益

鍛鍊
順序

額會更向左上方集中。

請參考 80 頁財報的具體數字。

舉例來說，應收帳款 1,400 萬中回收了 50 萬的報表數字會發生什麼變化？

應收帳款的數字將會減少 50 萬，而其上方的「現金及銀行存款」將會增加 50 萬。

藉由這方式將報表中的數字往上方移動，便可以達到鍛鍊

資產負債表（B／S）範例

資產負債表

民國 XX 年 3 月 31 日

數字敏感度世界公司　　　　　　　　　　　　　　　　單位：元

資產		負債	
科目	金額	科目	金額
【流動資產】	35,000,000	【流動負債】	10,000,000
現金及銀行存款	16,000,000	應付票據	500,000
應收票據	900,000	應付帳款	3,200,000
應收帳款	14,000,000	短期借款	3,500,000
短期投資－有價證券	500,000	其他應付款	1,110,000
存貨－商品	3,000,000	應付費用	400,000
預付款	40,000	應付所得稅	90,000
預付費用	160,000	其他應付稅款	800,000
短期債權	400,000	代收款	300,000
【固定資產】	15,000,000	預收款	100,000
【有形固定資產】	13,300,000	【長期負債】	5,000,000
房屋及建築	3,000,000	長期借款	5,000,000
建築附屬改良物	600,000	**負債總計**	**15,000,000**
機器設備	2,200,000	股東權益	
交通設備	1,600,000		
辦公設備	900,000	【投入資本】	35,000,000
土地	5,000,000	股本	20,000,000
【無形資產】	190,000	資本公積	0
通信加入權	30,000	法定資本公積	
電腦軟體	160,000	保留盈餘	15,000,000
【投資及其他資產】	1,510,000	法定盈餘公績	0
長期投資－有價證券	700,000		
其他投資	10,000		
高爾夫會員權	600,000		
保險契約還本金	200,000	**股東權益總計**	**35,000,000**
資產合計	**50,000,000**	**負債及股東權益合計**	**50,000,000**

將列在下方的資產項目
金額漸次向上移動

資產負債表（B／S）左側上半身的效果，如此一來，便會有一張「好看的」資產負債表（B／S）。

其次，是「2. 存貨」，這裡指的是過多的「不當存貨」。若是有銷售剩下的商品，就算必須將價格壓低到僅能有少數利潤或勉強回收成本，也該儘早出售。

若能夠售出上述存貨，資產負債表（B／S）左側的「存貨—商品」科目金額便會減少，其上方的「現金及銀行存款」則會增加相對的金額。同樣地，藉此將數字金額向上移動，又能夠達到鍛鍊資產負債表（B／S）左側上半身的效果。

簡言之，便是將資產轉換為現金，讓金額數字向上移動，如此就能夠成為擁有好身材的資產負債表（B／S）。

最後則是「3. 其他」這一項。這是經營很久的公司經常會發生的狀況，實際上已不再使用的倉庫仍然掛在帳面上。

請務必將不再使用的倉庫出售。就算不再使用仍需要支付地價稅、房屋等不動產相關稅款及維護管理費用，這完全是一種浪費。但是，就這樣將閒置的倉庫置之不理的公司卻頗為常見。

若是預期之後不會再使用，儘早將其出售變現是最好的解決方法。就這樣將無用的倉庫閒置在帳面上，會造成資產負債表（B／S）的代謝不良。

打個比方，這會造成贅肉累積在資產負債表（B／S）的腹部周邊（報表中段）。為了要解決新陳代謝不良的問題，需要讓資產負債表（B／S）左側的各項金額漸次往上方移動來鍛鍊報表左側上半身。

此外，資產負債表（B／S）左側下方還有長期投資—有價證券及其他投資等科目，偶爾公司會有 100 萬或 200 萬等小

額餘額殘留在這些科目的狀況，或是完全忘記曾經投資在這些
項目上的公司經營者。請再次確認是否有這種狀況，並出售有
價證券或回收其他投資。

● 經常確認實際狀況

　　在這裡要提醒各位注意事項。上述鍛鍊順序中，特別留意
「1. 應收帳款」及「2. 存貨」兩項，需要每個月確認科目餘額
及變動情況。

　　論起原因，不頻繁地確認這兩個科目的公司，經常會有
金額龐大、難以收回的壞帳及無法出售的不當存貨留存在帳面
上。

　　若是不頻繁地定期確認，最後將導致帳面上有令人驚訝的
大額壞帳及存貨。這樣一來，無法賺取現金、只有應收帳款及
存貨累積的話該如何是好？因此，每個月經營者或是管理階層
的定期檢視與確認是絕對必要的。

　　如此將資產負債表（B／S）左側的數字漸次往上方移動，
便會成為一張「好看的」資產負債表（B／S）。

　　若是今後看到資產負債表（B／S）左側（資產）下方停
滯不動的數字，會產生厭惡感的話，那就太可喜可賀了，這表
示你已經熟悉了掌握財報資訊的方法。

將下方的資產
逐漸往上
移動。

資產負債表的正確閱讀方式 ——右側下半身的鍛鍊方式

接下來，讓我們來看一看資產負債表（Ｂ／Ｓ）的右側，請各位再一次參閱第 79 頁的圖。

● 如何鍛鍊右側下半身

之前提到資產負債表（Ｂ／Ｓ）的右側需要「鍛鍊下半身」，因此數字金額必須集中在報表下方才是「好看的」資產負債表（Ｂ／Ｓ）。那麼，為了要讓數字金額集中在報表下方，應該如何具體地達成這個目標？

第 79 頁的圖中，右側下方有三個鍛鍊的步驟：「1. 清償」、「2. 增資」及「3. 繼續營業單位稅前淨利（利益）」。

首先，從「1. 清償」開始說明。

如果償還借款，在報表右側上方的「借入資本」的部分會減少，自然右側下半身的「自有資本」占總資本的比率便會增加，也就是數字金額往報表下方集中。

「2. 增資」如同其字面上的涵義，會即刻增加下半身的自有資本，當然數字金額會往報表下方集中，自有資本比率也會跟著上升。

我想以上兩點應該都非常直截了當。

不過，「3. 繼續營業單位稅前淨利」這個部分便有些難以理解了。

雖然說繼續營業單位稅前淨利增加的話，確實會增加資產負債表（Ｂ／Ｓ）右下方的自有資本，但沒有解釋來龍去脈就很難理解其原因。

● 一定要增加「繼續營業單位稅前淨利」

我們在這裡暫停、思考一下。

剛剛我們提到鍛鍊下半身的三個方法為「1. 清償」、「2. 增資」及「3. 繼續營業單位稅前淨利」。若是公司無法增加「3. 繼續營業單位稅前淨利」的話，也不可能順利的達成「1. 清償借款」的目標。此外，即使「2. 增資」之後，若是公司營運無法增加「繼續營業單位稅前淨利」的話，所增加的資本也只會很快地蒸發消失。這樣的實際案例其實有很多。

也就是說，創造可以增加「3. 繼續營業單位稅前淨利」的營運模式是經營者最重要的任務。

若能夠達成這個任務，營運的數字將會集中在資產負債表（Ｂ／Ｓ）的右下方，會成為「好看的」資產負債表（Ｂ／Ｓ）。

「請增加繼續營業單位稅前淨利。請創造能夠增加繼續營業單位稅前淨利的營運模式。」說起來是很容易，但如果真能做到的話，經營公司當然也就不會那麼辛苦了……。

不過，在本書中想傳達給各位讀者的，並不僅僅是努力賺取利益這一點。

當然，增加經常性的營利是公司組織最重要的任務，不過

本書的重點並非只是在提醒增加營利、賺取利益的重要性，而是希望藉由本書的內容讓各位能夠了解掌握資產負債表（Ｂ／Ｓ）與損益表（Ｉ／Ｓ）之間的「關聯性」。

OK 嗎？我們的重點是「關聯性」。

資產負債表與損益表的關聯性

許多人無法理解資產負債表（B／S）與損益表（I／S）之間的關聯性。

因而會有「為什麼增加繼續營業單位稅前淨利會讓資本增加？」這樣的疑問。

請看 88 頁的圖。我將利用這個圖，針對資產負債表（B／S）及損益表（I／S）之間的「關聯性」，為各位進行世界上最容易了解的說明。

● 有收益代表「現實世界」而非「淨資產（資本）」的增加

針對資產負債表（B／S）與損益（I／S）之間的關聯性，一般常見的解釋如 88 頁的上方的圖。說明方式為，若在損益表（I／S）有繼續營業單位稅前淨利（利益），那麼在資產負債表（B／S）中的自有資本也會有同額的增加。

而左側的資產項目也會隨著自有資本增加而增加，因此該報表的左右兩側金額能夠取得平衡。

這樣的說明實在是不知所云，不過幾乎所有的相關書籍都採用這種解釋方式，實在是讓人百思不得其解。

　　從前擔任簿記課程講師的時候，簿記的教科書也採用這種說明方式，不過如果用這種邏輯向學生說明，其實大家仍然不明就理；可以感覺到聽講學生的頭上正不斷地冒出至少三個問號。

　　當然會這樣想吧。「利益增加，資本也會隨之增加」到底是怎麼一回事？

　　幾乎所有的書籍都以這方式來說明兩張報表之間的連結，當然，此一資訊是完全正確的，但說明方法卻太糟糕了。這種省略中間過程的說明方式，反而會讓聽者一頭霧水。

　　那麼，究竟是怎麼一回事？

　　其實是這麼一回事，請看 88 頁下方的圖。

　　首先，在損益表（I／S）中有繼續營業單位稅前淨利吧，以實際金額為例，將進貨成本 100 元的商品以 130 元的價格出售，這樣收益金額是多少？是 30 元吧。

　　進貨成本 100 元的商品以 130 元出售的收益為 30 元。

　　那麼，這 30 元的收益又是什麼呢？如果有人這樣問你的話，你會如何做答？你會回答教科書上的標準答案—自有資本（資本）嗎？雖然教科書上這樣寫，但其實收益並不是自有資本（資本）。

　　不用想得太複雜，只要用最簡單的方式來了解這 30 元的收益即可。

了解資產負債表（B／S）與損益表（I／S）之間的關聯性

<並非如此>

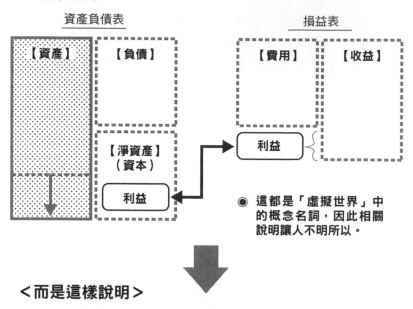

資產負債表

【資產】　　【負債】

【淨資產】
（資本）

利益

損益表

【費用】　　【收益】

利益

● 這都是「虛擬世界」中
的概念名詞，因此相關
說明讓人不明所以。

<而是這樣說明>

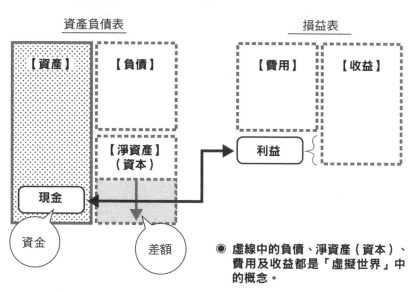

資產負債表

【資產】　　【負債】

【淨資產】
（資本）

現金

資金

差額

損益表

【費用】　　【收益】

利益

● 虛線中的負債、淨資產（資本）、
費用及收益都是「虛擬世界」中
的概念。

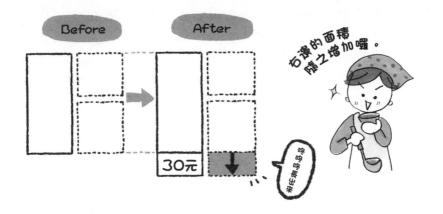

首先，收益 30 元，會增加同額的「現金」。換句話說，是可以親眼所見的「現實世界」中的「現金」增加。

也就是利益增加等同於「現金」增加。若以面積來表示資產負債表（B／S），其左側（現實世界）便會相對往下延伸代表利益 30 元的面積。

因此，資本並不會隨著利益增加而增加。

增加的不是「資本」而是「資金」。隨著「現實世界」中的「資金」增加造成資產負債表左右兩側的「差額」，才是造成資本增加的原因，這樣的說明才是正確的。

而這也正是資產負債表（B／S）與損益表（I／S）的接點及關聯。不過，通常的說明方式都是以左頁上方圖的邏輯來了解兩者之間的關係，因而無法在腦袋中將資產負債表（B／S）與損益表（I／S）連結在一起。

● 資產負債表的本質表現於左側

簡而言之，資產負債表（B／S）的本質表現於左圖中左

側點狀的區塊。資產負債表（B／S）只有左側才是本質，只有「現實世界」才是實際存在的。報表右側只是概念上的虛擬假想世界。

除此之外，損益表（I／S）也是一種概念，無法親眼所見、親手觸摸、或實際擁有。

你可以摸到銷貨收入嗎？摸不到吧、也無法親眼看到。藉由銷貨從客戶手中收到的「現金」雖然是現實世界的物品，但是「銷貨」本身並沒有實體的「概念」。

「負債」、「資本」、「費用」、「收益」全部都是概念（虛擬世界＝假想世界）。

原本「資產」就會因為經營上的運用而有所增減。資產負債表（B／S）左側的各科目是不斷地在變動增減的。

而為了解釋資產增減的原因（如何增加、如何減少），便有了負債、資本、費用及收益等相對的會計概念與科目。

這些都僅是用來解釋實際資產變動原因的概念（虛擬世界＝假想世界）。損益表（I／S）是用來解釋現金或銀行存款變動原因的報表，因此資產負債表（B／S）與損益表（I／S）之間理所當然是有關聯性的。

請各位運用想像力再一次檢視 88 頁的圖。

以虛線框起來的四個區域，其用意是在解釋資產增減的原因（如何增加、如何減少）。

在上方的圖中，因為「利益」與「資本」兩者皆是虛擬世界中的概念名詞，因而難以了解。

這裡的重點就是，不以同為概念名詞者來互相解釋，而是

掌握其相對的「現金增減」。

　　增加的不是資本，而是因為現金（資金）增加所造成的差額，使得自有資本增加，這才是最正確的說明方式。

　　這是閒話，剛剛在說明中我提到「簿記的教科書中，也以利益增加資本也會增加這種令人難以了解的說明方式來解釋這個問題」。

　　當時，簿記課程的老師是這麼說的，

　　「現在不了解也沒有關係，只要先記下來就好了。」

　　老師又繼續說道，

　　「因為現在各位只是初級的三級課程，等到之後上二級或一級進階班時自然就懂了。」

　　這一套說詞已經持續了數十年。這樣當然會讓恐懼會計的情結繼續在世界上蔓延。順帶一提，就算到了準備二級或一級簿記考試的時候，當然，也沒有任何老師會為學生做正確的說明，學生們也依然不明究理。

　　結果是，連擁有高級簿記知識者（會計師、稅務代理士、教授簿記的老師）也仍是知其然而不知其所以然了。

●「資金來源」僅有兩種模式

　　剛才已經說明 88 頁以虛線區域所表示的負債、淨資產（資本）、收益、費用是來解釋現金、銀行存款等資產項目增減變動的原因（如何增加、如何減少），因此資產負債表（B／S）與損益表（I／S）之間存在著關聯性。

　　如果將關心的焦點稍微更集中一點，就會注意到一件有趣的事。

請各位看一下 88 頁圖中資產負債表（B／S）的右側。

資產負債表（B／S）的右側是什麼項目呢？以制度會計的名詞是「負債」與「淨資產」（資本）。

因為制度會計較難了解，以較為簡單的管理會計的定義來說，負債是「借入資本」，而淨資產為「自有資本」。

再用更簡單的白話來說明，可以這麼說，借入資本是向某人借來的資本，自有資本則是從顧客那裡收到的資本。

資產負債表（B／S）的右側（負債與淨資產）是用來說明資產增減變動的原因，而原因便是「資金來源」。

<制度會計>　　<管理會計>　　<白話>

■ 負 債　　　→ 借入資本　　→ 向某人借來的資本

■ 淨資產　　　→ 自有資本　　→ 從顧客處收到的資本

資產負債表（B／S）右側（負債與淨資產）代表的是資金如何由公司外部進入組織內部的過程，也就是右側中各項目金額代表的出資金來源。

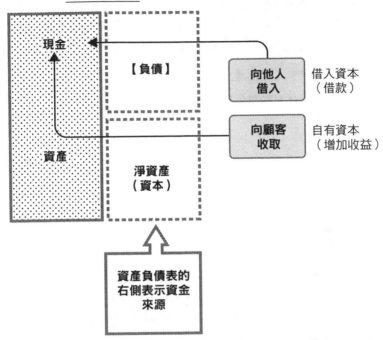

何謂資金來源

資產負債表

現金

【負債】 —— 向他人借入 —— 借入資本（借款）

資產

淨資產（資本） —— 向顧客收取 —— 自有資本（增加收益）

資產負債表的右側表示資金來源

● 股本 1 千萬元消失到哪裡去了？

有時老闆會提出這樣的問題：「資產負債表（B／S）右側的股本 1,000 萬元在哪裡？公司裡可沒有這一筆錢喔。」

當然是如此，假設當初以股本 1,000 萬元為創業基金，累積的赤字為 950 萬元；那麼剩下的現金為多少錢？當然只有 50 萬元吧。剩下的金額非 1 千萬，而是 50 萬。

創業股本 1,000 萬元，開業以來累積了 950 萬元的赤字，因此剩下的是 50 萬元而非 1,000 萬元。「股本」所代表的意義為開業時的創始資金，而非現在公司有的資本金額。

在 64 頁的內容中也提到過，資本是單純的「差額」，資產與負債之間的差額。如果詳細檢視公司資產負債表（B／S），計算資產與負債的差額的話，確實會得到 50 萬元的結果。

在右頁中呈現的是該公司的資產負債表（B／S）右側淨資產部分的範例，請各位參考。

● 淨資產以整體評估

雖然股本的金額為 1,000 萬元，但其下的累積虧損為負 950 萬元，所以淨資產總額為 50 萬元。因此，該公司的資本（＝自有資本＝淨資產）為 50 萬元。

帳上現金與銀行存款的餘額當然也不會與開業當初的資本額 1,000 萬元一致，而是只會有與現在的資本 50 萬相對應的現金與銀行存款。

淨資產的部分，以整體、而非單一科目來評估是關鍵。若單是以其中某一科目來看，很有可能會產生上述的誤解。請把資本當成是單純的差額，並且要記得以整體來評估。

股本 1 千萬元消失到哪裡去了？

資產負債表

民國 XX 年 3 月 31 日

數字敏感度世界公司　　　　　　　　　　　　　　　單位：元

資產		負債	
科目	金額	科目	金額
【流動資產】	39,000,000	【流動負債】	40,000,000
現金及銀行存款	200,000	應付票據	500,000
應收票據	900,000	應付帳款	700,000
應收帳款	1,000,000	短期借款	500,000
短期投資－有價證券	500,000	其他應付款	1,110,000
存貨－商品	900,000	應付費用	400,000
房屋及建築	1,000,000	長期借款	3,750,000
建築附屬改良物	600,000	負債總計	7,750,000
機器設備	300,000	【投入資本】	500,000
交通設備	150,000	股本	10,000,000
辦公設備	200,000	資本公積	0
土地	1,000,000	法定資本公積	
【無形資產】	190,000	保留盈餘	(9,500,000)
通信加入權	30,000	法定盈餘公績	0
電腦軟體	160,000		
【投資及其他資產】	910,000		
其他投資	10,000		
高爾夫會員權	500,000		
保險契約還本金	400,000	股東權益總計	500,000
資產合計	8,250,000	負債及股東權益合計	8,250,000

以整體來評估

你的公司自有資本比率是多少？

　　言歸正傳，資產負債表（Ｂ／Ｓ）需要注意的重點有兩個。

　　即是資產負債表（Ｂ／Ｓ）左上的「現金及銀行存款」及右下的「自有資本」。要判斷出左上與右下的鍛鍊成果，這兩個地方是最重要的，請牢記這一點。

　　從今天開始，再看到資產負債表（Ｂ／Ｓ）的時候，請先看這兩個地方，不要只是茫然地盯著報表。

● 何謂難以倒閉的公司？

　　「**自有資本比率**」與自有資本相關，還有可以判斷公司破產或倒閉困難程度的指標。公司營運中，無需清償的自有資本愈多，營運也就愈穩定。

　　所謂「自有資本比率」指的是，在資產中屬於無需清償的自有資本部分所占的比率是多少百分比。以右頁圖為例，即在Ⓐ（資產）中Ⓑ（自有資本）所占的百分比。

　　我想各位都有在報紙上看過與銀行的自有資本比率相關的報導。內容主要是在討論這比率是 4％ 或是 8％。若是兼營國際業務的銀行，自有資本比率以 8％ 為下限，這是金融廳[2]的建議規範。只有經營國內業務的銀行，其建議規範的自有資本

譯注：　2. 日本行政機關之一，英文為 Financial Service Agency（FSA），其成立目的在維持金融穩定，並保護存款者、保險及其他金融商品投資者的權益。功能近似台灣的行政院金融監督管理委員會。

資產負債表要注意的兩大重點

資產負債表

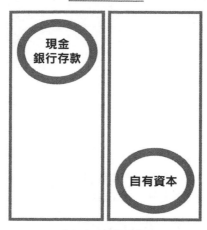

以上兩者最重要

自有資本比率為Ⓐ與Ⓑ之間的比率

資產負債表

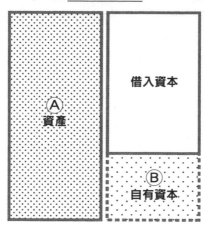

比率下限則為 4%。

銀行為此需要努力經營，若是自有資本比率低於標準，金融廳將會對銀行科以罰金。因此銀行業莫不卯足全力盡量提高公司的自有資本比率。

為此，銀行會怎麼做？正如各位所知，銀行現在的政策是「謹慎放款」與「積極催收」，這是為了提升銀行自有資本比率的做法。在銀行資產項目中的放款金額若減少，自有資本比率便能提高。自有資本比率是評估與衡量一個公司財務狀況及財務體質的重要指標。

今後在閱讀報紙的時候，可以一邊看著銀行的自有資本比率，一邊考慮該如何與財務體質健全、不易倒閉的銀行往來；如果能這樣邊想邊讀報的話就太酷了。（笑）

「自有資本比率」就是如此重要的指標。

你自己公司的「自有資本比率」又是多少百分比呢？希望有人這樣問你時，你能夠不假思索地立刻回答。

● 股東權益報酬率可用來評估投資績效

「**股東權益報酬率**」和自有資本比率是不同的，提醒各位要有所區別。

股東權益報酬率即 ROE，在投資股票時經常被用以評估公司的獲利能力。ROE 是評估運用自有資本，透過營業活動，相對於自有資本的金額可以創造（賺取）出多少利益的指標。英文為 Return on Equity，因而簡稱為 ROE。

因為與自有資本相關，所以順帶介紹 ROE，但請各位記得，從公司經營的觀點來看，自有資本比率（資產中自有資本所占的百分比）才是最重要的比率。

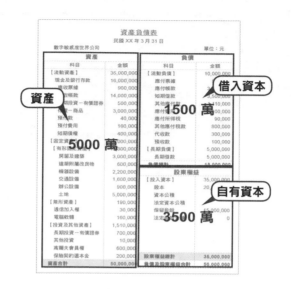

資產 **5000 萬**

借入資本 **1500 萬**

自有資本 **3500 萬**

• 如何使用計算機計算自有資本比率

↓ 像這樣操作計算機按鍵

淨資產（自有資本） ÷ 資產 ＝ 自有資本比率

以上列數據為例：3500 萬 ÷5000 萬 ＝ 70%

• 如何使用計算機計算股東權益報酬率（ROE）

↓ 像這樣操作計算機按鍵

當期淨利 ÷ 淨資產（自有資本） ＝ ROE

第三章　讀懂資產負債表（B／S）

何謂破產？

　　若試著計算自己公司的自有資本比率卻得出負值，有可能發生這種狀況嗎？

　　這種自有資本比率為負的狀況稱為「破產」，即負債金額大於資產金額。

　　「會有這種狀況嗎？」也許讀者中有人會這麼想。不過，這種狀況其實比想像中來得多。以下就用生活中的例子來說明負債金額大於資產金額的情況。

　　你向朋友借了 10 萬元上柏青哥打小鋼珠，結果在柏青哥輸了 2 萬元，這時候你個人的資產負債表（B／S）的狀況會如右頁中左側的圖。

　　輸掉 2 萬元，手上剩下現金 8 萬元，資產只有 8 萬元，但必須還給朋友的借款仍然是 10 萬元。

　　這種資產負債表（B／S）的右側（負債）面積大於左側（資產）面積的狀況即為破產，在本例中有 2 萬元的資本虧損。

　　不過，實際上在編製資產負債表（B／S）時，並不會採用像右頁的左圖這樣讓報表左右兩側金額不等、右側面積大於

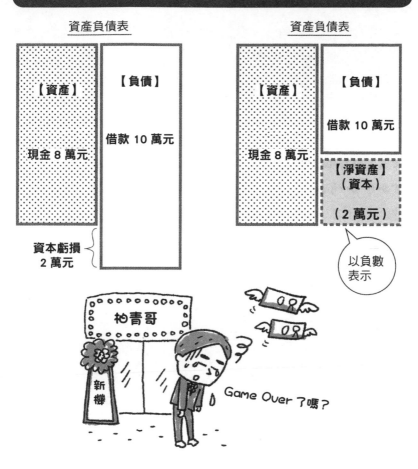

資本虧損（負債大於資產的部分）以負數表示

資產負債表

【資產】

現金 8 萬元

【負債】

借款 10 萬元

資本虧損
2 萬元

資產負債表

【資產】

現金 8 萬元

【負債】

借款 10 萬元

【淨資產】
（資本）

（2 萬元）

以負數
表示

柏青哥

新櫸

Game Over 了嗎？

左側的呈現方式。右側負債金額大於左側資產的部分，會如右邊的圖，以負數呈現為自有資本。

　　即是「在柏青哥輸錢＝赤字」。在公司經營上，如果赤字

不斷累積增加，便極有可能陷入破產的局面，請一定要多加注意。

從會計理論的角度，負債大於資產的時點（時間點）也就是宣告 Game Over 的時候。因為理論上，公司組織的所有權屬於股東，而股東所持有的部分即為自有資本，在負債大於資產使得自有資本成為負值時，股東的所有權也變成負數了，因此破產（債務大於資產）等於 Game Over。

但在實務上則並非這麼一回事，實務上即使負債大於資產也不等同於 Game Over。其實，有許多中小企業雖然帳面上已經呈現破產（負債大於資產）狀態，但仍長年持續維持營運。從實務的觀點來說，是資金無法週轉（資金用罄）的時點才宣告 Game Over。

不過，對於上市上櫃公司就無法這麼輕鬆應付過去，因為上市上櫃公司產生資本虧損（負債大於資產）將被取消上市資格，一年之內如果無法解除負債金額大於資產金額的狀況，便會被終止上市。

中小企業的狀況又是如何呢？

雖說產生資本虧損並不等於 Game Over，原本就不是上市上櫃公司，也不會有遭受終止上市的風險。不過，在金融機關進行信用評等時，分數會被調降，在向金融機關融資借款時也會變得更困難。

無論如何，陷入破產的局面只有壞處沒有好處，請注意不要發生這種狀況。都到了申報所得稅的最後期限，才發現自己的公司有資本虧損的案例比想像中還要常發生。該如何確保不

至於落入這種窘境的具體檢查方式，在本書後面的章節會有詳細說明，請各位耐心讀到最後一頁。

至此，關於資產負債表（B／S）的說明告一段落，請各位再次回想第 66、70 及 75 頁的圖。

資產負債表（B／S）重點整理

- 資產負債表（B／S）為物資清單
- 現實世界與虛擬世界
- 流動性排行榜與清償順位排行榜
- 左側鍛鍊上半身，右側鍛鍊下半身
- 資產負債表（B／S）與損益表（I／S）的關聯性
- 資金來源僅有兩種模式
- 自有資本比率愈高，公司愈不容易倒閉
- 破產沒有任何好處

第四章

損益表（I／S）要
關注的重點只有兩個

還有比銷貨收入更重要的數字

什麼是比銷貨收入更重要的數字呢？

接下來，要進入有關損益表（Ｉ／Ｓ）的說明部分。請各位再看一次第 50 頁的範例損益表（Ｉ／Ｓ）。

● **重點在於「繼續營業單位稅前淨利」與「銷貨毛利」**

在前面的章節中提到，資產負債表（Ｂ／Ｓ）是「所有物清單」。

那麼，如果要一語道盡什麼是損益表（Ｉ／Ｓ）的話，又會是如何呢？

其實，損益表（Ｉ／Ｓ）就是「進帳表」。那麼，什麼是「進帳」？沒錯，就是「利益」。換句話說，損益表（Ｉ／Ｓ）簡單來說就是「利益表」。

在前言中，以航海為例時曾說過損益表（Ｉ／Ｓ）可說是燃油表。對於船長來說，經常確認檢查燃料或油耗有多麼重要，當然不在話下。

而燃油表，也就是損益表（Ｉ／Ｓ）中有兩個要留意的重點，一是「繼續營業單位稅前淨利」，二是「銷貨毛利」。

● **「繼續營業單位稅前淨利」就是「未來可以使用的花費」**

損益表（I／S）就是…

損益表（I／S）

‖

「進帳表」

‖

利益表

　　首先，由第一項的「繼續營業單位稅前淨利」開始說明。這裡的「單位」指的是公司組織中的部門，雖然有點拗口，但可是會計上的正式名稱喔。

　　如果問企業人或是公司經營者「什麼是繼續營業單位稅前淨利？」，大概都會得到以下的答案：「就是將營業淨利加上營業外收入及利益、減除營業外費用及損失後的金額」。

　　嗯…這在計算上當然是正確的，不過這回答太數學公式了，因此一點也不有趣。

　　那麼，企業人或是公司經營者應該如何了解「繼續營業單位稅前淨利」所代表的涵義才好呢？

　　簡單說它就是「未來可以使用的花費」。

　　公司的經營，是先有小額的利益，再漸次使該利益擴大、並重複這種正向循環的過程。

　　我想強調的是「沒有繼續營業單位稅前淨利的話，公司是

沒有未來的」這一點。若是沒有可做為「未來可以使用的花費」的繼續營業單位稅前淨利，當然也就沒有未來發展性了。

因此，繼續營業單位稅前淨利是絕對不能容許有赤字產生的。每個月、每個年度都必須要是有盈餘的黑字狀態。每個月、每個年度就算只有盈餘 1 元也好，希望各位有死守黑字底限的強烈意識。

這就是繼續營業單位稅前淨利最重要的一點。

因為是「未來可以使用的花費」，所以每個月、每個年度就算是 1 元也好都必須要有死守黑字狀態的強烈意識。

● 「繼續營業單位稅前淨利」就是「銷貨毛利」!?

除此之外，了解掌握「繼續營業單位稅前淨利」的另一關鍵就是記住「繼續營業單位稅前淨利就是銷貨毛利」這一點。

「什麼！繼續營業單位稅前淨利不就只是繼續營業單位稅前淨利嗎？」

這是錯誤的。

請注意「繼續營業單位稅前淨利就是銷貨毛利」。

接下來就為大家進行詳盡的解說，請先參考右頁的圖。

● 「銷貨收入」－「變動成本」＝「銷貨毛利」

右圖為損益表（I／S）的概念圖解。

首先，「銷貨收入」為 900 萬元，接下來，「銷貨成本」（變動成本）為 300 萬元。變動成本是管理會計名詞，指的是進貨與外包成本。

這麼一來，兩者相減的「銷貨毛利」即為 600 萬元，銷貨毛利 600 萬元將用來支付「固定費用」（人事費等）400 萬元。

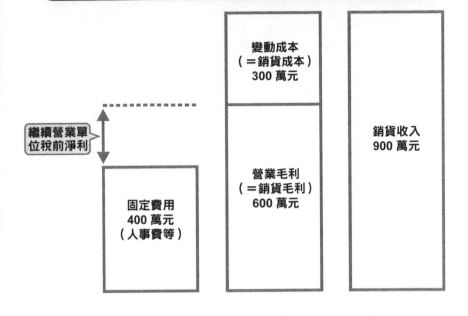

損益表（I／S）圖解（圖示方向由右至左）

變動成本
（＝銷貨成本）
300 萬元

銷貨收入
900 萬元

繼續營業單
位稅前淨利

營業毛利
（＝銷貨毛利）
600 萬元

固定費用
400 萬元
（人事費等）

附帶一提，如同剛剛所說，在管理會計上將「進貨與外包成本」稱為「變動成本」，與制度會計上的「進貨成本」意義相同。（正確來說，兩者含義不盡相同，但在本書中為了讓大家粗略地掌握相關說明，將其視為同義語使用。）

在制度會計中所稱的「銷貨毛利」，嚴謹的管理會計用語為「邊際利益」。不過，這裡為了使各位容易理解，皆以「銷貨毛利」一詞來進行說明。雖然是不甚正確，但在這個階段以「銷貨毛利＝邊際利益＝營業毛利」來了解是完全沒有問題的。

說到「變動成本」一詞的意思，為什麼要叫做「變動成本」呢？「銷售額」會有淡旺季的高低變動吧，除了淡旺季的因素

之外，「銷售額」也是時有增減變化。會隨著銷售額的增減變化而增減變動的成本稱為「變動成本」，這是管理會計的用語。

「變動成本」的大宗是「進貨成本」與「外包費用」，兩者都會隨著「銷售額」增加而增加，隨著「銷售額」減少而減少，具有這種性質的成本就會被歸類為「變動成本」。

而銷貨收入與變動成本之間的差額即為「營業毛利」。

營業毛利通常在試算表或是財報中的名稱為「銷貨毛利」。

「銷貨毛利」（營業毛利）將用於支付「固定費用」。「固定費用」中包含「人事費」、「租金」及「其他費用項目」等等，也就是說「變動成本」以外的費用，可以全部視為「固定費用」一個大項。

進行變動成本與固定費用的相關說明時，經常會碰到有人提出以下的問題：「我們公司的變動成本中，除了進貨與外包費用外，還包含了許多其他項目，請問這種狀況不調整也沒關係嗎？」

我從結論說起：不調整也沒關係。寧可不調整才是上策。

判斷成本與費用的科目性質屬於固定費用或變動成本，即「區分固定、變動成本」一事並無正確或標準答案。不管你有多想要做到「正確客觀」的劃分，最後還是需要個人的主觀判斷。

因此堅持所謂正確區分是沒有意義的，固定、變動的區分按照之前的分類方式也無妨，最好是不要重新劃分比較好喔。

因為重新劃分有一個很嚴重的缺點，那就是修正前與修正

營業毛利＝銷貨毛利≒邊際利益

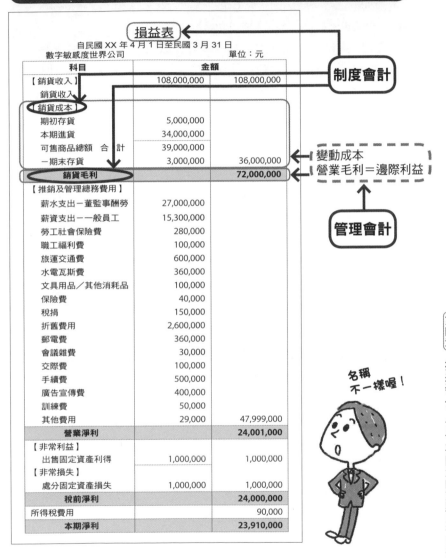

損益表

自民國 XX 年 4 月 1 日至民國 3 月 31 日
數字敏感度世界公司　　　　　　　　　　單位：元

科目	金額	
【銷貨收入】	108,000,000	108,000,000
銷貨收入		
銷貨成本		
期初存貨	5,000,000	
本期進貨	34,000,000	
可售商品總額　合　計	39,000,000	
一期末存貨	3,000,000	36,000,000
銷貨毛利		72,000,000
【推銷及管理總務費用】		
薪水支出－董監事酬勞	27,000,000	
薪資支出－一般員工	15,300,000	
勞工社會保險費	280,000	
職工福利費	100,000	
旅運交通費	600,000	
水電瓦斯費	360,000	
文具用品／其他消耗品	100,000	
保險費	40,000	
稅捐	150,000	
折舊費用	2,600,000	
郵電費	360,000	
會議雜費	30,000	
交際費	100,000	
手續費	500,000	
廣告宣傳費	400,000	
訓練費	50,000	
其他費用	29,000	47,999,000
營業淨利		24,001,000
【非常利益】		
出售固定資產利得	1,000,000	1,000,000
【非常損失】		
處分固定資產損失	1,000,000	1,000,000
稅前淨利		24,000,000
所得稅費用		90,000
本期淨利		23,910,000

制度會計

變動成本
營業毛利＝邊際利益

管理會計

名稱
不一樣喔！

後的報表將難以互相分析比較。

　　例如說，銷貨毛利率是進步或是退步？繪製折線圖的時候前後期的曲線角度代表有進步或是退步？

　　假設重新進行科目劃分，有可能會導致無法判讀資料或圖表的結果，因此，我認為不要改固定、變動費用科目的區分方式比較好，依照現行方式來處理是最佳方法。

損益平衡點（BEP）的邏輯

● 銷貨毛利可以想像是由單位毛利的積木所累積而成

那麼，言歸正傳。

115 頁的圖是 109 頁的圖中，「固定費用」與「營業毛利」部分的放大圖。

希望可以培養各位對「固定費用」與「銷貨（營業）毛利」的敏銳度，藉由此圖，建立「銷貨毛利是由單位毛利的積木所堆積而成」的感覺。

「銷貨毛利」是由「單價」積木累而成的這種直覺反應是很重要的，接續前面的例子，假設出售一件商品的單位毛利為 40 萬元，那麼出售十件商品，則銷貨毛利合計為 400 萬元。

這就是所謂單價堆積木的概念，出售十件商品，銷貨毛利就會與固定費用同額（400 萬元）。

● 超過保本點就會有繼續營業單位稅前純益

收入與支出相抵，沒有產生利益或損失的分界線俗稱為「保本點」，會計專門用語則為損益平衡點[1]。

我想各位應該有聽過這個名詞，損益平衡點的英文為「Break Even Point」，又簡稱為「BEP」。

在突破了「損益平衡點（BEP）」之後產生的「銷貨毛利」，

譯注：1. 損益平衡點也稱為保本點、收支相抵點、收支平衡點、損益兩平點。

即為「繼續營業單位稅前淨利（純益）」。

從剛才就不斷重複提到，銷貨毛利是由單價的積木所累積而成，賺取到足以支應固定費用的銷貨毛利即抵達損益平衡點，若是再賺取超過損益平衡點（BEP）的銷貨毛利，這一部分即為「繼續營業單位稅前純益」。

在右圖中，在損益平衡點（BEP）之上又賣出了五件商品，因此，繼續營業單位稅前淨利為 200 萬元，到這裡沒有問題吧。

建立起這個概念的話，計算也會變得非常迅速。

我想各位一定都碰過很會賺錢、計算又快的人吧，例如可以很快地反應出「如果賣出多少東西，就會賺到多少利益」。能夠迅速地反應計算並不是因為有什麼超能力。

只是因為已經在腦海中建立起剛剛的積木圖表了。知道賣出幾件商品、每件毛利是多少錢，總銷貨毛利一共是多少金額立刻就能夠計算出來。

這個銷貨毛利積木圖在坊間很少見到，但是靠著這個圖，能夠刺激我們的右腦來了解並感受損益平衡點（BEP）的概念，請各位務必將這個圖熟記在腦海中。

● 不需要困難的圖表與計算

通常會以困難的圖表輔以文字、或是在分數的分母中又出現分數的複雜算式來說明損益平衡點（BEP）。不過一旦出現這一類的圖表或算式就完蛋啦。

例如像是 116 頁的圖表及分數算式。

這些說明的確是正確無誤的，但卻讓人難以了解。

正在閱讀本書的各位讀者，就不必再拘泥於一定要學會這複雜困難的圖表與算式了。

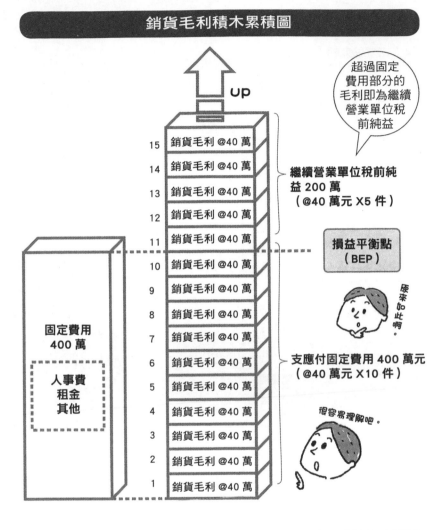

銷貨毛利積木累積圖

up

超過固定費用部分的毛利即為繼續營業單位稅前純益

15	銷貨毛利 @40 萬
14	銷貨毛利 @40 萬
13	銷貨毛利 @40 萬
12	銷貨毛利 @40 萬
11	銷貨毛利 @40 萬

繼續營業單位稅前純益 200 萬
（@40 萬元 X5 件）

損益平衡點
（BEP）

10	銷貨毛利 @40 萬
9	銷貨毛利 @40 萬
8	銷貨毛利 @40 萬
7	銷貨毛利 @40 萬
6	銷貨毛利 @40 萬
5	銷貨毛利 @40 萬
4	銷貨毛利 @40 萬
3	銷貨毛利 @40 萬
2	銷貨毛利 @40 萬
1	銷貨毛利 @40 萬

固定費用
400 萬

人事費
租金
其他

支應付固定費用 400 萬元
（@40 萬元 X10 件）

原來如此啊。

很容易理解吧。

如果能夠了解銷貨毛利的積木累積概念，損益平衡點（BEP）也一定不會有問題，這樣想就簡單了吧。

首先要知道的是公司組織每個月的固定費用大約是多少金

「困難的圖表」與「令人恐懼的分數算式」

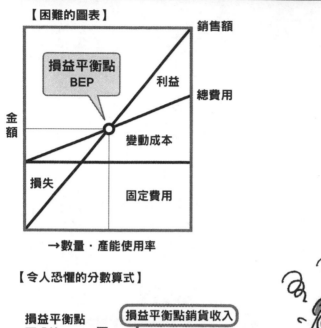

【困難的圖表】

銷售額

損益平衡點
BEP

利益

總費用

金額

變動成本

損失

固定費用

→數量・產能使用率

【令人恐懼的分數算式】

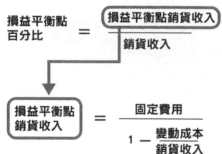

$$損益平衡點百分比 = \frac{損益平衡點銷貨收入}{銷貨收入}$$

$$損益平衡點銷貨收入 = \frac{固定費用}{1 - \frac{變動成本}{銷貨收入}}$$

額。因為這個大致的月平均固定費用的數字，將會成為以銷貨毛利為計算基礎的損益平衡點（BEP）金額。

如果不知道固定費用，就無法繼續進行相關計算。讀完

本書之後，第一件要做的事情就是確認你自己的公司、或是想要進一步了解其財務狀況的公司，每個月的平均固定費用是多少，只要大致粗略的金額就可以了。

謹慎起見，要提醒大家，了解損益平衡點的概念並不是本書說明損益平衡點（BEP）的首要目的。

「該賺取多少利益才夠呢？」

「利益到底是什麼？」

要培養磨練出以上的會計觀念（感覺），損益平衡點的思考邏輯是不可或缺的，因此才會進行相關的說明，請各位不要誤會。

● 銷貨收入基準的損益平衡點也能簡單了解

利用 115 頁的圖可以立即了解銷貨毛利基準的損益平衡點。如果想知道需要多少銷售額才能賺得營利，也就是所謂的「銷貨收入基準的損益平衡點」（**損益平衡點銷售額**），只要將固定費用的金額除以銷貨毛利率，一個步驟就能夠輕鬆算出。

「銷貨毛利率」 是計算「銷貨收入中銷貨毛利所占的百分比」的獲利指標。

以 109 頁的圖為例，月平均銷貨收入為 900 萬元，月平均銷貨毛利為 600 萬元，銷貨毛利率則為 66.6%（600 萬元／900 萬元）。

月平均固定費用為 400 萬元，將固定費用 400 萬元除以銷貨毛利率 66.6%，即可輕鬆算出損益平衡點銷售額為 600 萬元。

•如何使用計算機計算銷貨毛利率
↓ 像這樣操作計算機按鍵

以本例的數字來說，若是銷貨收入達到 600 萬元，便能夠達到損益平衡；以銷貨毛利來做基準，若是銷貨毛利達到 400 萬元，便能夠達到損益平衡。

•如何使用計算機計算損益平衡點銷售額
↓ 像這樣操作計算機按鍵

因此，確認掌握以下的兩個數字是非常重要的，我想這不是太困難的事吧。

■ 月平均固定費用金額
■ 銷貨毛利率

如果知道這兩個數字，將銷貨收入 900 萬元乘以銷貨毛利

率 66.6％便可得到銷貨毛利 600 萬元，將銷貨毛利 600 萬元回除銷貨毛利率 66.6％便可得到銷貨收入金額為 900 萬元。

　　簡單來說，「X」代表去程，「÷」代表回程，兩者之間有這樣的相對關係。如果各位能記住以下的圖在計算上會非常方便。

● **如何使用計算機計算（X 與 ÷ 的關係）**

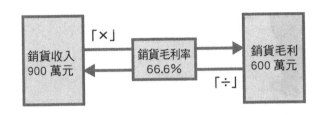

● 達到損益平衡點（BEP）需要多久時間？

　　那麼，我們現在來說明損益平衡點（BEP）在實務上的其中一種具體使用方法。

　　舉例來說，假設上個月從月初算起花了二十天的時間賺取到足以支應固定費用 400 萬元的銷貨毛利，那麼從第二十一天開始到月底所賺取的銷貨毛利便全屬於繼續營業單位稅前淨利。

　　換句話說，從月初到第二十天為止，是賺取支付固定費用所需金額的營業活動，而第二十一天到月底的十天之間，則是賺取收益的營業活動。

　　那麼這個月又是如何呢？

達到損益平衡點（BEP）需要多久時間？

前月	賺取支應固定費用所需金額（20 天）	**賺取收益**（10 天）
本月	賺取支應固定費用所需金額（25 天）	**賺取收益**（5 天）

縮水為一半！

這個月賺取收益的天數只有一半啊…

　　這個月，好不容易才在第二十五天的時候，賺取到足以支應固定費用 400 萬元的銷貨毛利，因此，僅有從第二十六天開始到月底的五天是在賺取收益（繼續營業單位稅前淨利），與上個月的十天相比，本月賺取收益的天數縮水了五天。

　　也就是說，與上個月相比，這個月的營業狀況較不樂觀。

　　更具體來說，這五天的差距對於營業活動會產生多大的衝

擊？假設一天的銷貨毛利為 20 萬元，那麼五天的差距即為 100 萬元，這還只是一個月而已，一個月差 100 萬元，那麼一年的銷貨毛利金額不就少掉了 1200 萬元。

因此，每個月確認當月份何時達到損益平衡點（BEP）是非常重要的。說的極端一點，若是從月初開始的第一週就達到損益平衡點，那麼剩下來的三週適度地休息遊樂輕鬆營業也沒關係了。

如果每個月都能夠意識到損益平衡點（BEP），比起不明所以訂立銷售業績的目標、又埋頭苦幹地進行營業活動，應該在精神上更能夠愉快地面對工作。

● 損益平衡點愈低愈好

損益平衡點愈低愈好。

這是理所當然的，損益平衡點（BEP）愈低的話愈容易達成損益平衡的目標。由此也可推知，不讓固定費用過度膨脹也是一件很重要的事。

檢視「利益」的時候 如何看門道？

總而言之，銷貨毛利堆積木的感覺非常重要。

如同 115 頁的圖，銷貨毛利中超過固定費用的部分就是繼續營業單位稅前淨利。也就是說，銷貨毛利中只有超過固定費用的部分才能稱為繼續營業單位稅前淨利。因此，繼續營業單位稅前淨利也就是銷貨毛利（中的一部分）。

● 「利益」只有一種

再進一步說明，一般當我們看到損益表（I／S）的時候，會列出五個種類的利益分類。請各位參照左頁的損益表（I／S）範例。

試算表中也有相同的分類。

銷貨毛利　營業淨利　繼續營業單位稅前淨利
稅前淨利　本期淨利

一般列有以上五個種類。

因此，在看損益表（I／S）的時候，常會產生「利益分為五個種類」的錯覺。

損益表

自民國 XX 年 4 月 1 日至民國 3 月 31 日

數字敏感度世界公司　　　　　　　　　　　　單位：元

科目	金額
【銷貨收入】	108,000,000
【銷貨成本】	36,000,000
銷貨毛利	**72,000,000**
【推銷及管理總務費用】	47,999,000
營業淨利	**24,001,000**
【營業外收入及利益】	166,000
【營業外費用及損失】	167,000
繼續營業單位稅前淨利	**24,000,000**
【非常利益】	1,000,000
【非常損失】	1.000.000
稅前淨利	**24,000,000**
所得稅費用	90,000
本期淨利	**23,910,000**

不過利益並非有五個種類。

各位請注意，「利益只有一種」。

「營業毛利＝銷貨毛利」才是利益的本質。之前已經無數次提到「營業毛利＝銷貨毛利」，是由銷貨收入中減去變動成本所得出的利益金額。

除此之外的四個種類，也就是「營業淨利」、「繼續營業單位稅前淨利」、「稅前淨利」與「本期淨利」都只是將銷貨毛利中的一部分分別冠上不同的名稱而已。

雖然我們會分別說明四個名稱所代表的意義，但請各位不要忘記，其實每個種類都只是銷貨毛利的一部份，是屬於銷貨毛利項下的子集合。

【營業淨利的本質】

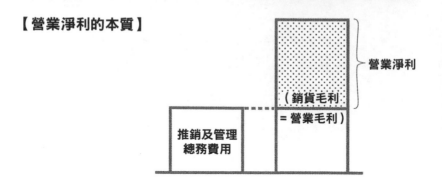

【繼續營業單位稅前淨利的本質】

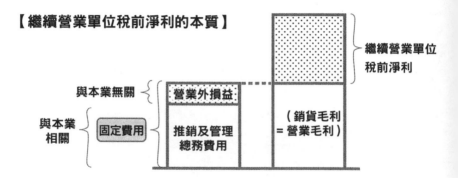

● 營業淨利為「來自本業的收入」

在 122 頁圖框中寫在「銷貨毛利」右側的「營業淨利」，指的是銷貨毛利中，超過「推銷及管理總務費用」的部分。

「推銷及管理總務費用」也就是所謂的「費用」，在實務上簡稱為「管銷費用」。其中包括薪資費用、旅運交通費、廣告宣傳費等等，營業淨利也稱為「來自本業的收入」。

稅前淨利・本期淨利的本質

【稅前淨利的本質】

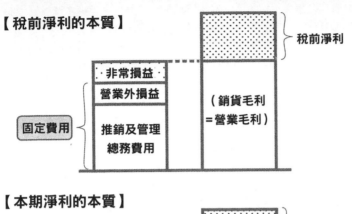

【本期淨利的本質】

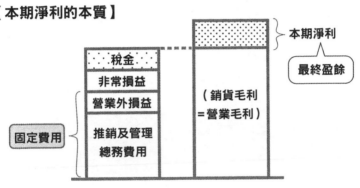

● **繼續營業單位稅前淨利為「經常性活動的收入」**

　　而之前也出現過的名稱「繼續營業單位稅前淨利」指的是銷貨毛利中，超過固定費用的部分。（ ▶ 左頁下圖）

　　固定費用包含了推銷及管理總務費用及「營業外損益」。營業外損益是營業外收入及收益、營業外費用及損失兩者的總稱。

■ 營業外收入及利益：指的是每個會計期間都會產生、但與本業經營沒有直接關係的收入。（利息收入、匯兌利益、什項收入等）

■ 營業外費用及損失：指的是每個會計期間都會產生、但與本業經營沒有直接關係的費用。（利息費用、匯兌損失、什項損失等）

繼續營業單位稅前淨利也被稱為**「經常性活動收入」**。

● 稅前淨利的本質

「稅前淨利」是指銷貨毛利中，超過固定費用及「非常損益」的部分。非常損益是非常利益與非常損失兩者的總稱。

■ 非常利益：非經常性發生的性質特殊利益。

■ 非常損失：非經常性發生的性質特殊損失。

非經常發生的損益，簡單舉例包括出售股票及不動產所產生的利益或損失[2]。

● 本期淨利是「最終盈餘」

「本期淨利」是銷貨毛利中，超過固定費用、非常損益及「稅金」的部分。

第 125 頁下方圖的稅金包括所得、住民稅[3]及特別事業稅，但不包含營業稅及土地、房屋等固定資產稅金。本期淨利又被稱為**「最終盈餘」**（因其出現在損益表的最底端）。

我想各位看到 125 頁的幾個圖便能明白，利益並未分為五個種類，其實只有一種，只是其下又分成不同的子集合；各項利益的源頭都是「營業毛利」。

譯注： 2. 台灣會計制度對於非常損益有比日本更為嚴格的判斷標準，一般公司出售股票或不動產所產生的損益，若與本業無關，可能會列為營業外損益而不是非常損益。

3. 在台灣的損益表中僅含所得稅，住民稅為日本稅目，法人需依其登記地稅率及前一年所得金額繳納住民稅。

銷貨金額不等於收益

	前月	本月
銷貨收入	1,000 萬元	1,000 萬元
變動成本	300 萬元	500 萬元
銷貨毛利	700 萬元	500 萬元

就算銷貨金額相同，收益也會不同

即使尺寸大小一樣，不過上個月的質量較重

前月　本月

因此，銷貨毛利在損益表（I／S）中是最重要的項目。

資產負債表（B／S）中最重要的是左上與右下，現金及銀行存款、自有資本這兩個項目，而損益表（I／S）中最重要的則是「營業毛利」。

因此希望各位在看損益表的時候能夠先掌握「營業毛利」，而它在財報或是試算表中的名稱則為「銷貨毛利」。

最重要的不是「銷貨收入」，一般大家在看損益表（I／S）時總是緊盯著「銷貨收入」，除了「銷貨收入」以外的項目都沒有留意。

　　舉例來說，如果某月的銷貨收入為 1,000 萬元、變動成本為 300 萬元，與同樣銷貨收入 1,000 萬元、但變動成本為 500 萬元的月份比起來，就算銷貨收入相同銷貨毛利也不一樣。

　　所謂只看銷貨收入的數字是非常危險的，就是這麼一回事。因此請各位記得，在損益表中首先需要注意的是「銷貨毛利」的數字。留意即使銷貨金額相同，所賺得的收益也會有所不同。

損益表與行銷的關聯性

在 113 頁提到過，銷貨毛利是由單位毛利的積木所累積而成，不過這並不是指只要考慮商品層面的銷貨毛利就好，還是有其他應該注意不同面向的毛利。

現在就針對這一點來進行說明。下方的圖說明「銷貨毛利是乘法的概念，這是掌握銷貨毛利概念的方法。

● **銷貨毛利是以「顧客」為思考中心**

通常是以「商品單價 X 商品銷售數量」的乘法算式來了解銷售額及毛利的概念，但如此一來就無法具體想像出顧客的樣貌與個性，這樣未免也太無趣了。

以乘法算式來考慮、了解銷貨毛利的時候，請用以下的方式來思考：

「顧客單價 X 顧客人數」

銷貨毛利是乘法的概念

| 銷貨毛利 | ＝ | @ 顧客單價 | × | 顧客人數 |

假設賣出商品給一位顧客，便可以賺取到 40 萬元的銷貨毛利。

這 40 萬也就是本書所稱的顧客單價，之後的計算是將此顧客單價再乘上顧客人數。

如果以此種「顧客單價 X 顧客人數」的乘式概念來思考銷貨毛利，將會產生有趣的變化。

為了要增加銷貨毛利，就會有

「要增加顧客單價的話應該怎麼做才好？」

或是，

「要增加顧客人數的話應該怎麼做才好？」

這樣的想法吧。

各位注意到了嗎？

其實這個乘法算式的構想所代表的，並不是會計的邏輯，而是拓展業務或是行銷的基本概念。

也就是說，這個乘法算式的概念，是會計與日常營運中行銷活動的「接點」（也可說是使兩者互通的門扉）。

在考慮經營層面的問題時，希望各位可以藉由這個乘法算式的概念，輕鬆自在地往返於會計與營業活動這兩個不同的領域、擬定經營計畫。

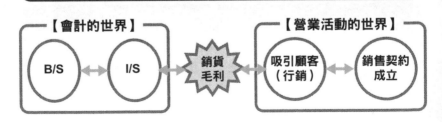

銷貨毛利是會計與營業活動之間的連結門

【會計的世界】　　　　　　　　　　【營業活動的世界】

B/S ⟷ I/S ⟷ 銷貨毛利 ⟷ 吸引顧客（行銷）⟷ 銷售契約成立

•如何使用計算機計算顧客單價
↓像這樣操作計算機按鍵！！

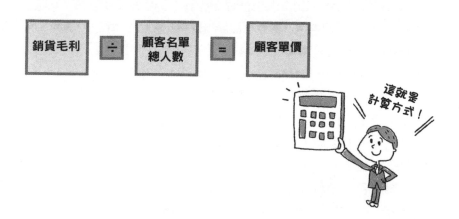

| 銷貨毛利 | ÷ | 顧客名單
總人數 | = | 顧客單價 |

這就是計算方式！

　　舉例來說，請試著將你公司的銷貨毛利（營業毛利）數字除以顧客人數，得出的結果即為你公司的顧客單價（平均值）。

　　顧客單價是增加？還是減少？增加了多少？減少了多少？

　　我想看到計算結果，可能會出現「咦？比想像中的數字還高」或是「什麼！竟然只有這樣」的感想。請藉由這個計算來測試一下你的會計直覺及數字敏感度是否正常運作。

● 營業活動與會計息息相關！

　　絕大多數的人都認為，「拓展業務、行銷等營業活動」與「會計」之間是沒有關係的。

　　如果不用上述的乘法算式的概念，便難以將兩者連結起來。

　　就算只是大略的數字也沒關係，試著用數字敏感度將兩者

融會貫通吧。

不過，我想應該沒有那麼容易。

再加上，大多數的人也無法將資產負債表（B／S）與損益表（I／S）連結在一起，那結果當然就是變得討厭數字、對會計敬而遠之。但正是因為不想接觸會計，對於公司的報表數字、經營數據的數字敏感度也逐漸變得愈來愈遲鈍。

因此，如果能夠藉著這個乘法算式的概念，在腦海中自由穿梭在營業、行銷活動與會計領域、一邊擬定營運計畫的話，當銷貨毛利增加時，一定立刻就能知道繼續營業單位稅前淨利相對會增加多少金額了。

繼續營業單位稅前淨利增加的時候，在資產負債表（B／S）中自有資本一項也會呈現增加的正向變化。

而在資產負債表的左側，也請以將增加利益部分的相對資產漸次往報表上方移動為目標。

本書是以介紹會計為題，因此我想有關營業、行銷活動的話題就此打住，重新回到主題—會計的內容。

結論就是，要簡單地說明實務上會計的意義，就是這麼回事：

「每個月賺取能夠支付固定費用的銷貨毛利，即使金額不大，也要漸次增加現金及銀行存款的資產金額」

如此便道盡了會計的原則。只要能夠遵守這個鐵則，就不會有設備投資失敗的問題，也不會突然落入面臨破產的窘境，相信更不會發生資金周轉不靈的狀況。

各位讀者，你們自己的公司在每個月的第幾天可以達到損

益平衡點（BEP）？請務必試著自行計算確認一下。

　　關於損益表（I／S）的說明就到此告一段落了。請各位一定要記得有關的圖表，也請試著在腦海中描繪出銷貨毛利的積木堆積圖看看。

　　相信現在各位應該也可以將資產負債表與損益表具象化了，如果真是這樣的話就太棒啦。

　　下一章將要為各位說明現金流量表。前面也提到過，這張報表不是所有的公司都需要編製，因此這一部分的內容不是所有的讀者都必須了解的。

損益表（I／S）重點整理

- 損益表（I／S）為進帳表
- 利用損益表（I／S）來確認燃料量或是油耗費用
- 「繼續營業單位稅前淨利」是「未來可以使用的花費」
- 將銷貨毛利想像為積木堆積的直覺反應是很重要的
- 損益平衡點銷貨收入是以銷貨金額為衡量基礎
- 利益並不是分成五種，其實皆為同一種利益的不同分項
- 考量損益表（I／S）與營業、行銷活動之間的接點

第五章

你會使用現金
流量表
（C／F）嗎？

想了解資金流向就要使用
神田式現金流量計算表

為什麼需要編製現金流量表（C／F）？

十年前所謂「現金流量經營」的經營管理理論十分流行。

因此，也連帶興起了一股連中小企業都必須要編製現金流量表（C／F）並執行「現金流量經營」、或是讀不懂現金流量表（C／F）就是不懂會計的風潮。

也就是說，這一派的理論主張應該在「財報三表」（資產負債表、損益表及股東權益變動表）中再加進現金流量表（C／F）。

如果先從結論說起的話，我認為：

「中小企業（非上市上櫃公司）完全沒有編製現金流量表（C／F）的必要性」，以及「為了要了解自己公司的財務與經營數據，完全不需要閱讀現金流量表（C／F）」。

● 現金流量表是為投資人編製的報表

其實，光靠現金流量表（C／F）是無法掌握資金流向的。

因為報表的名稱為「現金流量表」，所以各位都誤認為，這是一張為了說明資金流量而編製的報表。

這是怎麼一回事呢？其實現金流量表（C／F）這張報表，本來就是屬於上市上櫃公司的制度會計範圍。

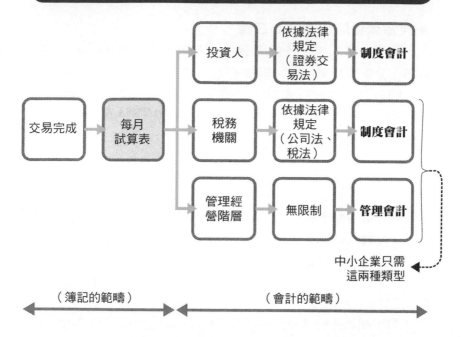

上市上櫃公司的會計分為三種類型

交易完成 → 每月試算表

- 投資人 → 依據法律規定（證券交易法） → **制度會計**
- 稅務機關 → 依據法律規定（公司法、稅法） → **制度會計**
- 管理經營階層 → 無限制 → **管理會計**

中小企業只需這兩種類型

（簿記的範疇） （會計的範疇）

　　在第一章中我們已經提過，中小企業的會計分為兩種基本模式，一種是以稅務機關為資訊使用者的「制度會計」，另一種則是以「公司內部」為資訊使用者的「管理會計」。上市上櫃公司的會計則如上圖，分為三種類型，較中小企業多出一種。

　　為了投資人（股東）進行投資決策所需，依據證券交易法[1]的規定，必須提供充分資訊揭露及投資人資訊（Investor Relations，IR）的資料。

　　充分資訊揭露資料的其中的一項即為「現金流量表（C／F）」。因此，僅限於上市上櫃公司的制度會計有需要編製此

譯注：1. 日本的證券交易法的新法已於 2007 年 9 月 30 日實施且更名為「金融商品交易法」。

一報表，非上市上櫃公司則無揭露此一資訊的義務。

● 現金流量的種類分為三種

那麼，我想現在各位應該會問，現金流量表（Ｃ／Ｆ）究竟是什麼報表？又是如何編製的呢？

簡言之，這是一張為了投資人（股東）而編製的報表。因為投資人希望了解以下三個種類的現金流量變動增減之間的關係，現金流量表便是為了呈現這些現金流量變化而產生的報表。

■營業活動現金流量

■投資活動現金流量

■融資活動現金流量

第一項為「營業活動現金流量」。這是一般經常性的營運活動所產生的現金增減。

第二項為「投資活動現金流量」。所謂投資包括股票等投資商品的買賣交易、土地、建物及機器設備的買賣交易、以及放款債權增減等，也就是因投資活動所產生的現金增減。除此之外，上市上櫃公司經常有的投資活動項目是對子公司的投資，此類交易在上市上櫃公司的各年度報表中經常看到。

第三項為「融資活動現金流量」。簡單來說，就是籌措資金相關活動所產生的現金增減。包括借款增減、公司債發行及贖回、發行股票、發行新股認股權等，有各種不同的融資活動。

上市上櫃公司經常有因融資活動所產生的現金流量變動，

也可以看到增資等籌措資金的融資活動。

　　光是這樣說明也許難以了解，先來看看簡單的具體例子：

		(A公司)	(B公司)
（本業）	營業活動現金流量	（2 億元）	9 億元
（投資）	投資活動現金流量	5 億元	1 億元
（借款／增資）	融資活動現金流量	8 億元	1 億元
	現金流量淨流入金額	11 億元	11 億元

　　在上列中，A 與 B 兩家公司一年的現金流量淨流入金額皆為 11 億元（最下方欄位中的合計金額）。

　　若你是投資人的話，會想要投資 A 公司或是 B 公司呢？

　　A 公司的狀況，是本業有 2 億元的現金流量淨流出，要支付這一部分的現金減少，而在投資活動上增加現金流量 5 億元、還有因融資活動增加的現金流量 8 億元，從上列的現金流量分類可以一目了然。

　　另一方面，B 公司的本業則是有 9 億元的淨現金流入。投資與借款／增資部分則僅分別增加了 1 億元的現金流量淨流入。可以解釋為 B 公司的本業經營狀況極佳，不需依靠投資等來增加現金流量。

　　雖然一年間兩家公司增加的現金流量金額同為 11 億元，但是這 11 億元的增加方式及過程，A 公司與 B 公司的狀況是

截然不同的。

　　身為投資人，一般來說應該會想把錢投資在本業經營狀況良好的 B 公司吧。

　　前述事例是刻意極端化的數字，不過上市上櫃公司在每期的財務報表中，這三類的現金流量都會有非常多的變化。而投資人也會想要知道上市上櫃公司這三類現金流量之間的增減平衡。

　　因此才需要編製現金流量表（C ／ F）。

　　那麼，還是讓我們來看一下現金流量表（C ／ F）的概略雛型吧。（ ▶ 右頁圖）

　　現金流量表（C ／ F）的閱讀重點只有在圖示中標示出來的這三個數字。

● 可以看出「經營者如何使用現金」

　　當我們思考中小企業的經營情形時，其實不太有機會發生與上市上櫃公司相同的狀況。

　　我想沒有中小企業每年都努力不懈地進行股票買賣、土地／建物／機器設備買賣、借款債權增減、及增資等交易吧。實際情況又是如何呢？各位讀者，你們的公司每年都會有這一類的交易嗎？

　　若是中小企業，經常會產生的是「營業活動現金流量」的部分（ ▶ 143 頁圖）。收取銷售貨款、支付進貨成本、及各項費用等項目是無論哪種公司都會產生的營運活動。

　　不過，中小企業幾乎不會有「投資活動現金流量」的項目，大概是幾年才會有一次的頻率吧。

現金流量表（C／F）

【現金流量表】間接法

I　營業活動之淨現金流入（流出）

未調整所得稅費用前本期淨利	XXX
折舊費用	XXX
呆帳費用提列數	XXX
利息／股利收入	－XXX
利息費用	XXX
未實現匯兌損失	XXX
出售固定資產利得	－XXX
應收銷貨款項（應收票據＋應收帳款）增加	－XXX
存貨減少	XXX
應付進貨款項（應付票據＋應付帳款）減少	－XXX
小計	XXX
本期利息／股利收入收現數	XXX
本期支付利息	－XXX
本期支付所得稅	－XXX
營業活動之淨現金流入（流出）	XXX

II　投資活動之淨現金流入（流出）

取得有價證券	－XXX
處分有價證券價款	XXX
取得固定資產	－XXX
處分固定資產價款	XXX
新增短期債權	－XXX
回收短期債權	XXX
投資活動之淨現金流入（流出）	XXX

III　融資活動之淨現金流入（流出）

舉借借款	XXX
清償借款	－XXX
贖回公司債	－XXX
發行新股	XXX
融資活動之淨現金流入（流出）	XXX

IV　本期現金及約當現金淨增（減）數	XXX
V　期初現金及約當現金餘額	XXX
VI　期末現金及約當現金餘額	XXX

請注意這三個數字

而「融資活動現金流量」中應該只會有借款這一項。也就是「向銀行借款融資拿到現金、之後僅有償付本金與利息的交易」。

換言之，中小企業的現金流量變化大多是來自營業活動與借款的增減變動。而要了解借款的增減變動，只要看資產負債表（B／S）就可以了。因此，對中小企業而言，其實編製現金流量表（C／F）是毫無意義的。

再加上，現金流量表（C／F）的編製過程相當麻煩。雖然在各式會計軟體中都有編製現金流量表（C／F）的功能，但是最後通常都需要以人工手動調整。

我曾以 EXCEL 編製上市上櫃公司的合併現金流量表（C／F），不僅非常麻煩，也十分耗費時間。

總之，現金流量表不過是為了呈現「經營者如何使用現金」這一項歷史資訊給投資人而編製的報表。

決非是一張可以協助掌握實際資金流向的報表、對於管理階層或是經營者控制經營來說也不是絕對必要的。

現金流量表（C／F）的結構

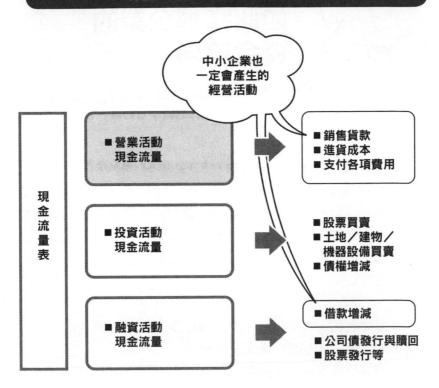

中小企業也一定會產生的經營活動

現金流量表

■營業活動現金流量

■投資活動現金流量

■融資活動現金流量

■銷售貨款
■進貨成本
■支付各項費用

■股票買賣
■土地／建物／機器設備買賣
■債權增減

■借款增減

■公司債發行與贖回
■股票發行等

如此掌握企業的資金流向

● **神田式現金流量計算表讓你一目了然！**

如同前述，我們無法透過現金流量表（Ｃ／Ｆ）來掌握資金流向。不過，若是身為管理者或經營者，在營運管理的過程中，一定會很想確實地掌握資金的增減流向吧。

那麼，請看146～147頁的圖。這是「現金流量一覽表」，是非常方便使用的一張表格。

僅是利用 EXCEL 便可製作的簡單表格，在表格的上方填入收入金額，下方則記錄支出金額。

而表格最下列中，則記錄了現金的餘額。當然，如果支出的金額大於收入的金額，最下列的現金餘額就會減少，何時會出現資金短缺的狀況也就一目了然。

而且不管是誰看到這張表格都能夠一目了然地了解其中資訊，因為數字是不會說謊的。

因為是每日編製的一覽表，我稱它為「現金流量一覽表」。不過比起現金流量一覽表，「神田式現金流量計算表」的名稱讓人更容易了解，因此我在之後的章節都會使用這個名稱。

以航海為例，現金流量計算表就有如「地圖」。

截至目前為止的航路與現在位置、之後的航路，能夠即時（Real Time）加以確認的地圖，是旅程中不可或缺的重要工具。

雖說沒有地圖就出航也沒關係，但是這是非常危險的喔。

看著各公司的報表數字與經營數據，累積了十五年以上的工作資歷後，我好不容易才發展出這張表格。雖然報表本身非常簡單，不過卻很實用易懂。

● 只需要填入實際與預算的「數字」

使用方式非常簡單。只要每天鍵入當天預定的收現及支付金額就可以了。

每天營業活動結束的時候，再將預先填入的預算金額調整為當天實際發生的金額。如此一來，就像剛剛我們在表格中看到的一樣，可以避免發生資金短缺而調度不及的狀況。

最低限度至少要在一個月前將預算的數字金額填入表中比較好，如果能早在二至三個月前先將各現金收支的預算金額填好，那就更安心了。

在前述表格中最右側的一欄是「合計」欄，這是表示各項目該月份合計金額的欄位。看到合計欄內的金額，可能有很多人會感到非常意外與緊張。

因為會對「原來公司浪費了這麼多錢！」而感到十分驚訝。

我想各位試著實際使用看看「神田式現金流量計算表」就會明白，這是一張可以讓赤字轉化為黑字的厲害表格。

只要經營成果稍微轉化為黑字，就會讓人更想增加持有現

神田式現金流量計算表

		4月1日	4月2日	4月3日	4月4日	4月5日
收入	應收帳款收現				5,000,000	
	預收款					
	墊付款項收現					
	零用金存入					
	收入合計	0	0	0	5,000,000	0
支出	應付帳款付現				1,000,000	
	自動扣繳轉帳					
	其他應付款付現					
	應付票據兌現				2,000,000	
	支付所得稅款				200,000	
	支付薪資					
	支付租金					
	支付預付款					
	支付其他稅款					
	零用金提領	200,000				
	償還借款					
	支出合計	200,000	0	0	3,200,000	0
	現金餘額	9,800,000	9,800,000	9,800,000	11,600,000	11,600,000

（應收帳款明細）

10,000,000

↑

請 Key-in
上個月期末現
金餘額

A 公司	2,000,000
B 公司	3,000,000
	5,000,000

哇…
實在是簡單
又易懂！！

（單位：元）

4 月 6 日	4 月 28 日	4 月 29 日	4 月 30 日	合計
			8,000,000	3,000,000
0	0	0	8,000,000	13,000,000
			3,000,000	4,000,000
				0
			3,000,000	3,000,000
				2,000,000
				200,000
				0
			300,000	300,000
				0
				0
				200,000
			1,500,000	1,500,000
				0
				0
				0
0	0	0	7,800,000	11,200,000
,600,000	11,600,000	11,600,000	11,800,000	1,800,000

最後一欄為
當月合計數

本月期末
現金餘額

單月現金
增減額

金的金額，因此現金淨流入量也會持續逐漸增加。雖然只是一張簡單的表格，卻非常能夠改變管理者與經營者的營運意識。

另外，因為這張表不論是誰都可以一目了然，在會議或是

討論中也非常方便使用，也能夠避免溝通上的錯誤。這對於希望掌握公司資金流向的人來說，是十分便利的表格。請各位務必要將此張表格使用在了解自己公司的經營數據上。

● 明明帳面有盈餘但現金卻不足的謎團

那麼，各位知道「帳面盈餘不等於現金」這句話吧。

陷入帳面有盈餘但現金卻不足的公司，我更是建議一定要使用神田式現金流量計算表。

不需要太多困難的知識惡補，只要看這張表就能夠輕鬆簡單地解開「帳面有盈餘但現金不足」之謎。

行文至此，我們就順便來解開為什麼會有「帳面有盈餘但現金不足」的情況吧。

所謂帳面有盈餘，指的是根據簿記記錄，計算得出損益表（I／S）上的利益一事。而現金不足，就如同字面上的意義，指的是現金短缺、不足以支付日常營運所需一事。「帳面有盈餘但現金不足」便是雖然損益表（I／S）上顯示有利益，但是實際上卻處於現金不足的狀況。

簡單來說，就是除了損益表（I／S）所列的支出項目以外，還有其他的現金支出項目。聽起來非常理所當然吧。

就是有非屬進貨、委外發包及各項支出費用的支出項目。也就是會被列為資產負債表（B／S）項目的支出。

舉例來說，償還借款就是資產負債表類的支出。還有，購入車輛、機器設備等動產、購置不動產、購買股票等交易也屬此類支出。其他這一類的項目還包括存出保證金的支付與返還、購買其他投資、支付的保險費都歸屬於資產的部分。

這一部分的支出並不會出現在損益表（I／S）中，而是被歸類為資產負債表（B／S）項目。因此，就算損益表（I／S）上有利益，仍舊會發生現金短缺的狀況。這正是帳面有盈餘但現金不足的原因。

想要掌握資金流向的話，光看損益表（I／S）是無法達成此一目的、光看資產負債表（B／S）也無法達成，當然，只看現金流量表（C／F）也是沒辦法的。

但是如果使用神田式現金流量計算表，不需要學習複雜的理論，也能夠輕鬆掌握公司的資金流向。

帳面有盈餘但現金不足還算是好的。有非常多的公司甚至處在「帳面無盈餘、現金也不足」的狀況。帳面及損益表（I／S）皆呈現赤字，且又有資金不足的問題。

另外，雖然屬於少數，不過也有公司是「帳面有盈餘且現金充足」的狀態。不論你的公司組織是處在哪種狀態，為了要能夠經常、即時地確認今後的航路，神田式現金流量計算表都是應該加以活用的必須工具。

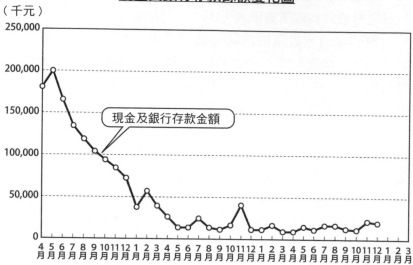

現金與銀行存款餘額變化圖

此外，為了要了解現金及銀行存款的變動情形，試著製作「現金銀行存款餘額變化圖」也非常有趣喔。

請各位看一下上方的折線圖。範例中的圖表是三年間的現金及銀行存款餘額變動圖，三年前的現金及銀行存款餘額為2億元，三年後則為2千萬元，僅剩下十分之一。如果個人的數字敏感度跟自己公司的折線圖相符的話當然很好，不過實際情況大多是有所差距的。

一旦做出這張「現金與銀行存款餘額變動圖」後，公司經營者常會有所感觸，「都這麼努力打拼了，居然現金與存款只有這麼點啊」云云。

假設數字敏感度疲乏，在未察覺的時候必定會發生難以收現的不良債權、或是滯銷的商品存貨累積在庫存中等令人困擾的難題。不過，若每個月都能重新確認自己的數字敏感度，就能夠即時加以修正、避免發生更嚴重的問題。請各位讀者也試著繪製「現金與銀行存款餘額變動圖」吧。

如果不擅使用 EXCEL，用手繪的方式也沒有關係。因為只是彙整每個月期末現金與銀行存款的餘額，是非常簡單的作業。不僅是過去三年的資料，過去十年、二十年、甚至是三十年，我建議只要手上有資料的話，都可以將其加以圖表化。

請各位一定要試著編製或繪製本章提到的「神田式現金流量計算表」及「現金及銀行存款餘額變動圖」這兩張表格與圖表。

到此為止的本書內容，是以資產負債表（Ｂ／Ｓ）、損益表（I／Ｓ）、與現金流量表（Ｃ／Ｆ）閱讀方式的「撇步」與各報表的基本架構為重心加以說明；其中也包含一些比較困難艱澀的部分，到這裡應該沒有問題吧？

接下來的章節，我將針對「成為酷帥經營者必備的經營數據閱讀方式」加以說明，也就是「試算表的使用方式」的部分。

現金流量表（Ｃ／Ｆ）重點整理

- 現金流量表（Ｃ／Ｆ）無益於掌握資金流向
- 使用「神田式現金流量計算表」可以掌握資金流向
- 試著繪製「現金與銀行存款餘額變動圖」

第六章

以神田式試算表
理解企業經營數據

只要並列比較就能看出端倪

神田式試算表的三大關鍵

直接使用會計軟體列印出來的試算表，就如同烹飪時的食材、原料。

食材就這麼直接食用當然也可以，不過若是生吃肉類的話可能會把肚子搞壞；還是得要好好料理之後再食用，才會既方便又美味可口吧。

同樣的道理，在試算表的使用上也是稍微下點工夫加工一下，才會有更易於了解、更能發揮效能的報表。本章即是在介紹能夠達成此一目的的數種食譜。

● 為了更容易了解而下了三項工夫

神田式試算表有「三大關鍵」。

這是為了鍛鍊各位掌握公司經營數據的「數字敏感度」，不可或缺的幾項工夫。

而這三大關鍵中，第一項就是**「簡化試算表」**、第二項是**「重視可比較性」**，最後第三項則是**「將報表轉化為圖表」**。總之，也就是「簡單化」、「可比較化」及「圖表化」。

其中「可比較化」又細分為兩種類型的比較方式，分別是「同公司不同期間比較」、以及「與同產業其他公司比較」。

● 掌握各關鍵的重點

【簡單化的重點】

原本報表中的公司經營數據非常巨細靡遺，而神田式試算表僅從其中挑選出重要的大略數字。為了避免「見樹不見林」的狀況，先掌握森林的全貌這一點非常重要。

【可比較化的重點】

可比較化區分為兩個種類，分別為同公司不同期間的比較、以及與同產業其他公司做比較。

1. 同公司不同期間比較

如果只單看某月的試算表，那麼這些數字是完全不具任何

意義的。因為「公司的經營數據只有在經過比較後才有價值」。
首先，先就不同期間的大略數據加以比較。

　　這項作業毫無困難之處。僅僅只是將每個月的數據加以橫
向並列而已。如果是一年的資料，那就將十二個月分的數字加
以橫向並排，這是最基本的比較方式。

　　我又將同公司不同期間比較稱為「橫向並列」。

2. 同產業其他公司比較

　　現在這個時代，同產業其他公司的經營數據，也能夠輕易
地從網路上取得。

　　經由比較，可以得知各位讀者自己的公司、或是想調查的
公司與同產業其他公司相較，其經營績效有多好？或是其經營
績效有多糟？這就是所謂的同產業其他公司比較。再次重申，
公司的經營數據只有在經過比較後才有價值。

【圖表化的重點】

　　接下來便是將橫向並列的每月經營數據加以圖表化。這麼
一來，便可了解公司的經營方向是往安全地帶、或是危險地帶
前進。更進一步，公司的營運是以怎麼樣的速率朝著安全地帶、
或是危險地帶前進也可一目了然。

　　僅將試算表的「大致數據」加以橫向並列並繪製成折線圖
就可以看出端倪。

　　僅掌握了以上三大關鍵，就能夠得出本章所介紹的表格與
圖表。雖然我認為各位只要看了就能夠了解，不過還是在接下
來的章節中進行簡單的說明。

基本中的基本──將資產負債表橫向並列吧！

　　請各位參考 158 ～ 159 頁的表格。這是抓出資產負債表（B／S）的大項後加以橫向排列的數字表。藉由這張表格便可以確認現金及銀行存款餘額、應收銷貨款項的收款狀況，也能夠發現存貨滯銷等異常的科目變動。

　　這裡要再次說明有關試算表的表格格式。一般的資產負債表（B／S）是以「資產」、「負債＋淨資產」左右橫向平衡的格式排列，但如同第二章所說的，試算表中的數字則是縱向排列。以圖來表示其相對關係如下圖。資產負債表（B／S）左側的資產項目在上方，右側的負債＋淨資產（股東權益）項目則在下方。

試算表中數字呈縱向排列

制度會計
資產負債表（B／S）
排列方式

A 資產	B 負債
	C 淨資產（股東權益）

試算表
資產負債表（B／S）
排列方式

A 資產
B 負債
C 淨資產（股東權益）

資產負債表（B／S）橫向並列比較表（金額）

	10 月	11 月	12 月	1 月	2 月
現金及銀行存款	3,594	3,081	3,304	2,898	3,963
應收銷貨款項	685	919	784	378	663
存貨	8,170	8,170	8,170	8,170	8,170
其他流動資產	6,579	6,735	6,847	6,964	7,102
流動資產合計	19,028	18,906	19,105	18,410	19,897
有形固定資產	86,310	86,310	86,310	86,310	86,310
無形固定資產	6,849	6,849	6,849	6,849	6,849
固定資產合計	93,159	93,159	93,159	93,159	93,159
總資產	112,188	112,065	112,265	111,569	113,056
應付進貨款項	12,262	10,726	11,674	12,364	11,233
其他流動負債	56,755	57,567	56,152	56,142	57,285
流動負債合計	69,016	68,293	67,825	68,506	68,518
長期負債	83,800	83,380	83,240	82,540	82,400
自有資本	（40,628）	（39,608）	（38,801）	（39,477）	（37,862）

　　將資產負債表（B／S）的數字橫向並列時，採用試算表格式會更有助於了解。

● 將各項比率並列就能一次掌握各項經營指標

　　首先，上圖為表格的基本形式。不過，光是這樣將數字並列無法立刻看出端倪，因此需要將上列表格中的數字轉換為如同 160 ～ 161 頁的百分比。

　　比起單純的金額，百分比更能夠看出資產負債表（B／S）項目的變化。

　　資產負債表（B／S）的左側（資產）上半身是否有好好

3 月	4 月	5 月	6 月	7 月	8 月	9 月
5,212	3,763	5,028	3,728	3,437	3,903	4,691
710	533	476	630	571	908	782
8,170	8,170	8,170	8,170	8,170	8,170	7,533
7,202	7,318	7,430	6,395	7,731	8,856	6,959
21,294	19,784	21,104	18,923	19,909	21,837	19,965
86,310	86,310	86,310	86,336	86,310	86,310	81,099
7,679	7,679	7,679	7,679	7,679	7,679	6,614
93,989	93,989	93,989	94,015	93,989	93,989	87,713
115,283	113,772	115,093	112,938	113,898	115,825	107,677
10,863	10,692	11,502	11,802	10,705	10,283	9,351
55,299	54,296	53,381	50,273	53,812	55,442	52,116
66,163	64,989	64,883	62,076	64,517	65,725	61,468
86,680	86,210	86,070	85,560	84,680	84,400	83,660
(37,560)	(37,426)	(35,860)	(34,698)	(35,299)	(34,299)	(37,450)

鍛鍊、右側（負債＋淨資產）下半身是否有好好鍛鍊，都是需
要確認的重點。

● 自有資本率的變動也能輕鬆一眼掌握

以 160 頁表格為例，請各位參照最下方的一列。這裡列有
「自有資本」這個項目。

這裡所呈現的百分比是以資產負債表（B／S）左側總資
產的金額為分母，計算自有資本所占的比率。也就是前文所稱
的「自有資本比率」。像這樣子列表的話，各期間自有資本比
率的變動狀況便可一目了然。

在本例中，因為自有資本比率呈現負數，立刻可以知道該

資產負債表（Ｂ／Ｓ）橫向並列比較表（百分比）

希望鍛鍊上半身

各項目相對於總資產所占百分比

	10 月	11 月	12 月	1 月	2 月
現金及銀行存款	3.2%	2.7%	2.9%	2.6%	3.5%
應收銷貨款項	0.6%	0.8%	0.7%	0.3%	0.6%
存貨	7.3%	7.3%	7.3%	7.3%	7.2%
其他流動資產	5.9%	6.0%	6.1%	6.2%	6.3%
流動資產合計	17.0%	16.9%	17.0%	16.5%	17.6%
有形固定資產	76.9%	77.0%	76.9%	77.4%	76.3%
無形固定資產	6.1%	6.1%	6.1%	6.1%	6.1%
固定資產合計	83.0%	83.1%	83.0%	83.5%	82.4%
總資產	100.0%	100.0%	100.0%	100.0%	100.0%
應付進貨款項	10.9%	9.6%	10.4%	11.1%	9.9%
其他流動負債	50.6%	51.4%	50.0%	50.3%	50.7%
流動負債合計	61.5%	60.9%	60.4%	61.4%	60.6%
長期負債	74.7%	74.4%	74.1%	74.0%	72.9%
負債合計	136.2%	135.3%	134.6%	135.4%	133.5%
自有資本	-36.2%	-35.3%	-34.6%	-35.4%	-33.5%

希望鍛鍊下半身

29.0%
流動比率

公司實際上是處於破產（負債大於資產）的狀態。這可稱不上是個模範生的例子啊。（笑）

自有資本比率是數字愈高則表示財務體質愈健全的衡量指標。所謂財務體質健全，也就是具有難以倒閉體質的公司。這一部分的內容已經在前文第 66 頁的地方提到過了。

● 流動比率的變化也能輕鬆了解！

透過這張表格，也能夠輕鬆確認第 76 頁所介紹的「流動

3月	4月	5月	6月	7月	8月	9月
4.5%	3.3%	4.4%	3.3%	3.0%	3.4%	4.4%
0.6%	0.5%	0.4%	0.6%	0.5%	0.8%	0.7%
7.1%	7.2%	7.1%	7.2%	7.2%	7.1%	7.0%
6.2%	6.4%	6.4%	5.7%	6.8%	7.6%	6.5%
18.5%	17.4%	18.3%	16.8%	17.5%	18.9%	18.5%
74.9%	75.9%	75.0%	76.4%	75.8%	74.5%	75.3%
6.7%	6.7%	6.7%	6.8%	6.7%	6.6%	6.1%
81.5%	82.6%	81.7%	83.2%	82.5%	81.1%	81.5%
100.0%	100.0%	100.0%	100.0%	100.0%	100.0%	100.0%
9.4%	9.4%	10.0%	10.5%	9.4%	8.9%	8.7%
48.0%	47.7%	46.4%	44.5%	47.2%	47.9%	48.4%
57.4%	57.1%	56.4%	55.0%	56.6%	56.7%	57.1%
75.2%	75.8%	74.8%	75.8%	74.3%	72.9%	77.7%
132.6%	132.9%	131.2%	130.7%	131.0%	129.6%	134.8%
-32.6%	-32.9%	-31.2%	-30.7%	-31.0%	-29.6%	-34.8%

比率」。也許各位讀者已經忘記之前的內容，這裡稍微簡單的複習一下。

流動比率是指一年之內可以將資產轉換為現金、一年之內須以現金償付之負債間平衡的財務指標。一年之內可以轉換為現金的資產為「流動資產」，一年內需以現金償付的負債為「流動負債」，流動比率是在檢視兩者間的平衡。各位回想起這一部分的內容了嗎？

上表中，以二月份的數字為例，流動比率為 29.0%（17.6%

突破破產困境，令人感動的瞬間

10 月	11 月	12 月	1 月	2 月	3 月	4 月	5 月	6 月	7 月	8 月	9 月
(12.7)	(10.7)	(10.3)	(7.2)	(5.5)	(0.4)	2.4	3.0	2.5	3.1	6.4	5.8

由負轉正 !!
解除破產危機 !!

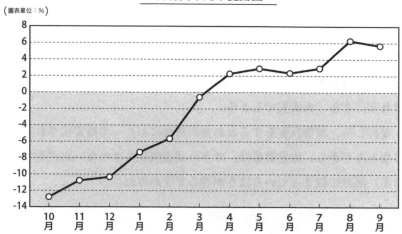

自有資本比率變動圖

（圖表單位：%）

若是投資設備的話…

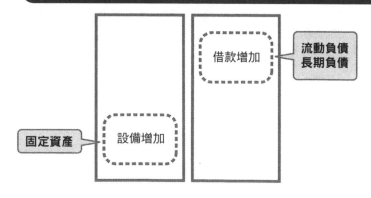

流動負債
長期負債

借款增加

固定資產

設備增加

÷60.0％）。前文曾經提過，這個比率我們希望最低至少要達到 100％。

　　將自有資本比率、流動比率等各月份的數字繪製成折線圖，將經營活動具體的視覺化也是非常有趣喔。

　　左圖是某家公司特定期間自有資本比率的變化圖。

　　自有資本比率由負轉正一事藉由圖表可以很清楚地看出來吧，這是解除破產（負債大於資產）困境，令經營者或管理者感動的一瞬間。

　　在 158 ～ 159 頁以數字表示的表格中，雖然可以得知該項數字呈現負數，但是以怎樣的程度與速度改善或惡化，無法單由數字看出來。

　　上列事例中的公司揚棄了過去企業所堅持的經營模式、改以提供符合顧客希望與需求的商品為營運方針。

　　未尋求債務協商或是增資等手段，而是在損益表（I／S）上一步一步地慢慢增加經常性的盈餘，結果便是充實了公司的自有資本，並且解除了破產的困境。破產相關的說明，請各位參照本書第 102 頁的內容。

● 判斷是否該購入新設備的基準

　　設備投資的金額通常相當龐大吧。接下來將為各位說明要下這種決策時，該如何判斷「投資新設備是好是壞」的基準。

　　衡量是否該投資新設備時，需要看資產負債表（B／S）。

　　購置進來的設備將會列在固定資產項下。不論是機器設備或是建築物，都是無法在一年之內轉換為現金的資產。因為支付的價金無法在一年之內回收，因此是固定資產這一項目（資產負債表的左下方）會增加（ ▶ 左下圖）。

固定資產總金額 ≦ 自有資本

資產負債表

流動資產	流動負債
固定資產	自有資本（淨資產）

固定資產總金額小於或等於無清償風險的自有資本金額

沒問題!!

固定資產總金額 ≦ 自有資本 + 長期負債的合計金額

資產負債表

流動資產	流動負債
固定資產	長期負債
	自有資本（淨資產）

固定資產總金額小於或等於無清償風險的自有資本金額加上長期負債的合計金額

稍微有點風險…

固定資產總金額 ＞ 自有資本 + 長期負債的合計金額

資產負債表

流動資產	流動負債
固定資產	
	長期負債
	自有資本（淨資產）

固定資產總金額侵蝕到流動負債的部分

可能非常危險啊!

也就是說，投資設備這種類型的經營活動，其實是違反我們之前所謂好看的資產負債表（B／S）鐵則「鍛鍊左側上半身及右側下半身」的。因此，投資設備會增加公司資金調度的困難。

● 如果固定資產的總額小於或等於自有資本就 OK

進行設備投資又不會造成資金調度困難的判斷基準如下。

請先確認資產負債表（B／S）的橫向平衡。假設新增設備投資後的固定資產總金額，仍然小於或等於自有資本（淨資產）的總金額，那麼應該就有投資新設備的本錢。（▶ 左上圖）

雖說每個公司會有個案的特殊性與差異性，不過如果能夠遵守這項原則，應該就不會有問題。

不論如何，一旦投資了設備，該部分的現金就會處於長期無法挪用的狀態，因此，在能力所及的範圍內，若是固定資產的總金額能夠小於或等於無償還風險的自有資本金額，會讓人感到比較放心。

當然，也有固定資產總金額大於自有資本（淨資產）的狀況。在這種狀況下，若是固定資產總金額能夠小於或等於自有資本加上長期負債的合計總金額，那麼我認為投資新設備也許還在可容許的範圍之內。（▶ 左中圖）

不過，這種狀況與上述固定資產總金額小於或等於自有資本金額的情形比起來，風險是高了一些。

甚至，如果固定資產的總金額大於自有資本加上長期負債的合計總金額，其金額已經侵蝕到了流動資產的話，那購置新

設備就是一種高風險的交易了。（▸164 頁左下圖）

實務上由這種狀況惡化為嚴重財務問題的事例有很多。

因為風險實在太高，應該停止購置新設備的投資計畫。如果讀者身邊合作的企業組織有類似這種狀況，因其財務風險高，最好是能夠避免跟這一類的公司打交道。

很明確的是，不投資設備、而是堅持以現有資源努力的做法，才不會遭致更大的失敗。

假設你是公司經營者，能不能利用現有的資源（人力或設備等）來打破僵局嗎？有沒有辦法到哪裡找到非常便宜的中古二手設備來替代新設備？想出這些創意點子來代替採購設備，才是經營者的管理手腕。

採購設備的投資，在可能的範圍內盡量避免才是最安全的營運策略。

而要評估投資設備的決策時，也請不要忘了先確認一下資產負債表（B／S）的橫向平衡。

橫向並排比較就能看出端倪──橫向並列的損益表

請各位參照 168 ～ 169 頁的表格。分別有「橫向損益表（I／S）」、「固定費用明細表」及「各項經營指標」三個表格。

● 先掌握五個數字就 OK 了

即使是再複雜的損益表，也只要先大致掌握這幾個部分就沒問題了。

銷貨收入、變動費用、銷貨毛利、固定費用及繼續營業單位稅前淨利──首先，只要先掌握這幾個數字就足夠了。所謂「繼續營業單位稅前淨利」如同第四章所說的，是來自於「日常營運活動的經常性收益」，而且可以做為「具有未來效益的花費」使用。

請各位看一下表格中最右邊的欄位，這裡所呈現的是各項目的月平均數字。先將這個數字計算出來，有助於加速後續損益平衡點（BEP）的計算。

雖然未包含在範例的報格中，但希望各位也將每月**「雇員人均銷貨毛利」**與**「雇員人均繼續營業單位稅前淨利」**的數字也加以橫列比較。

損益表（I／S）橫向並列比較表

■ 橫列式損益表（I／S）

	10 月	11 月	12 月	1 月	2 月	3 月
銷貨收入	6,212	6,160	4,484	3,866	5,993	4,016
變動費用	3,066	1,903	1,149	1,506	1,985	1,233
銷貨毛利	3,145	4,258	3,335	2,360	4,009	2,783
固定費用	2,407	2,706	2,528	3,036	2,394	2,481
繼續營業單位稅前淨利	738	1,552	807	-676	1,615	302

■ 固定費用明細表

	10 月	11 月	12 月	1 月	2 月	3 月
人事費用	1,308	1,111	1,039	992	963	1,067

■ 各項經營指標

	10 月	11 月	12 月	1 月	2 月	3 月
毛利率	50.6%	69.1%	74.4%	61.0%	66.9%	69.3%
勞動分配率	41.6%	26.1%	31.2%	42.0%	24.0%	38.3%
經營安全率	23.5%	36.5%	24.2%	-28.6%	40.3%	10.9%

＜計算方式＞

■ 雇員人均銷貨毛利＝銷貨毛利 ÷ 雇員人數
■ 雇員人均繼續營業單位稅前淨利＝繼續營業單位稅前淨利 ÷ 雇員人數

　　計算出這兩個雇員人均數字，就可以輕鬆判斷出組織的生產效率是提升或是下降、又以何種速率提升或是下降。計算方式也只要將銷貨毛利及繼續營業單位稅前淨利除以雇員人數即

4 月	5 月	6 月	7 月	8 月	9 月	月平均
4,026	5,214	8,007	2,337	4,795	7,254	5,197
1,662	1,616	4,387	468	1,669	3,282	1,994
2,364	3,598	3,620	1,869	3,125	3,973	3,203
2,230	2,032	2,458	2,470	2,126	7,124	2,833
134	1,556	1,162	-601	999	-3,151	371

平均

4 月	5 月	6 月	7 月	8 月	9 月	月平均
918	1,019	985	990	1,049	984	1,035

4 月	5 月	6 月	7 月	8 月	9 月	月平均
58.7%	69.0%	45.2%	80.0%	65.2%	54.8%	61.6%
38.8%	28.3%	27.2%	53.0%	33.6%	24.8%	32.3%
5.7%	43.5%	32.1%	-32.2%	32.0%	-79.3%	11.6%

可，非常簡單。

● 固定費用項下選擇性細讀分析

　　表格中段為「固定費用明細表」，這一部分只要選擇固定費用項下金額較大、所占比率較高者分析即可。在範例中則列出了「人事費用」。

　　在人事費用中，若是加計社會保險費（相當於台灣的勞健

保費）[1] 的話，之後便可以輕鬆計算出勞動分配率，非常方便。

【應含於人事費用的費用項目】
- 董監酬勞
- 津貼獎金
- 社會保險費
- 職工福利費[2]

● 一定要掌握的三項經營指標

在上頁圖表最下方的「各項經營指標」的表格中，則列出了三種可以確認公司資源使用效率的經營指標。這三種財務指標分別是：
- 毛利率
- 勞動分配率
- 經營安全率

如果可以，盡量把這三個指標加以橫向並列，並確認是否有異常的變動情形。如果可以跟同產業其他公司的數字一併比較就更好了。

接下來就為各位介紹這三個指標分別代表的意義與其判讀的方式。

● 第一項指標為「毛利率」

毛利率是衡量「銷貨收入中銷貨毛利所占百分比」的經營指標。（ ▶ 右上圖）

我想各位對於毛利率應該都很了解了吧，若還沒有把握的話，請再次複習第 110 頁損益表（I／S）項下的相關內容。

譯注：1. 日本規定將此項目列為薪資費用，台灣的營業費用分類將勞工保險及全民健康保險交由營利事業負擔，列為營利事業營業費用的保險費（非薪資費用），並不視為被保險員工的薪資所得。

2. 其包含員工結婚、生產禮金、員工旅遊補助等費用。此項目列為薪資費用為日本規定，台灣的營業費用分類中，職工福利費為單獨項目，不列入薪資費用計算。

什麼是毛利率？

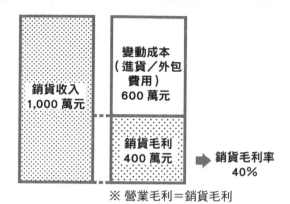

※ 營業毛利＝銷貨毛利

●如何使用計算機計算銷貨毛利率

↓像這樣操作計算機按鍵

※ 營業毛利＝銷貨毛利

　　銷貨毛利也可說是經營上所需的燃料，假設沒有燃料，航海一事自然也就難以為繼；而毛利率便是用於判斷燃料品質是進步或是惡化的指標。想當然爾，一定是品質好的燃料（毛利率高者）比較好。

　　毛利率是非常重要的經營指標。可能經營者與管理者還覺得沒有問題，但實際上獲利效率卻正在逐步轉壞的事例有很多，因此需要特別細心注意這一項指標的變化。

此外，因產業性質不同，本來就區分有毛利率高、毛利率低的產業。

舉例來說，沒有進貨成本的顧問業（服務業），其毛利率可能接近 100％，而製造業扣除進貨成本後，毛利率不到 50％的狀況也是所在多有。

毛利率因產業狀況不同而有極大的差異，因此，建議可以試著和同產業其他公司的數字相比較。

● 第二項指標為「勞動分配率」

勞動分配率是衡量「銷貨毛利中人事費用所占百分比」的經營指標。（ ▶ 右上圖）

要計算這個比率，可以使用 168 頁「固定費用明細表」中所加總的人事費用數字。

人事費用通常是固定費用中占比最高的項目，因此，人事費用的多寡對於經營效率會有非常直接的影響。若是勞動分配率有變高的趨勢，就要加以留意。

銷貨毛利中人事費用占比變高，換言之，即表示生產效率較為低落。因此，從經營者的角度，經常思考該如何發揮人力資源的最大效益、壓低勞動分配率的數字，保持危機意識這一點是很重要的。

勞動分配率愈低表示經營效率愈好，那麼該怎麼做才能降低勞動分配率呢？數學計算上，只有增加銷貨毛利（分母）、及減少人事費用（分子）兩種方法；如果是你的話會怎麼做呢？

之前我與某位經營者分享同產業其他公司勞動分配率數字的經驗。

由於該經營者過去一直都以為自己公司的經營效率應該落

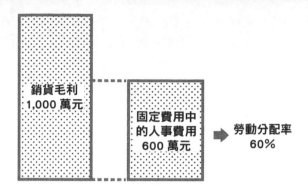

● **如何使用計算機計算勞動分配率**

↓像這樣操作計算機按鍵

在一般的平均值，沒想到和同業相較之後，才知道自己公司的經營效率其實非常糟糕。該經營者還跑來告訴我「神田先生，我已經好幾個晚上都睡不著覺了。」

只能說，該經營者的數字敏感度實在是太不敏銳了。

不過，這樣的狀況未經比較是難以得知的。假設沒有發現的話，便會一直陷於效率低落的惡性循環。因此，將各項數字加以比較是非常重要的。公司的經營數據若只是單純地印出報

第六章　以神田式試算表理解企業經營數據

表、看單一月份的片面結果，幾乎是沒有意義的。

數字就是要比較才能看出價值，不比較是看不出所以然的。請各位將各項數字、比率從不同的角度、標準來加以比較判讀。假設能養成這個習慣，數字敏感度的敏銳程度也能更上層樓。

● 第三項指標為「經營安全率」

經營安全率是衡量「銷貨毛利中繼續營業單位稅前淨利所占百分比」的經營指標。（ ▶ 右上圖）這是以公司整體的角度來判斷資源使用效率好壞的重要指標。

藉由這個指標的計算結果，我們可以掌握一家公司「獲利能力的寬裕度」。

經營安全率愈高，則表示獲利能力愈寬裕。這是理所當然的吧，銷貨毛利中屬於繼續營業單位稅前淨利的部分自然是多多益善。

所謂的寬裕程度也就是安全率，指的是從實際狀況到損益平衡點（即繼續營業單位稅前淨利為零）之間的緩衝程度。

以具體例子說明，假設經營安全率為 10%，可以立刻得知若是銷貨毛利率降低 10% 的話，損益數字會落到損益平衡點（即繼續營業單位稅前淨利為零）。

若公司損益為赤字的狀況，則經營安全率會呈負數。若經營安全率為負 10%，我們可以馬上輕鬆地判斷，其後若是銷貨毛利率成長 10%，公司便可以達到損益平衡點（繼續營業單位稅前淨利為零）。

何謂經營安全率？

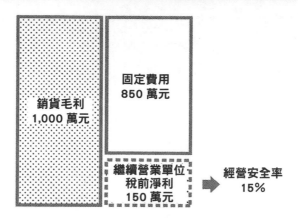

- **如何使用計算機經營安全率**

↓ 像這樣操作計算機按鍵

- **與「損益平衡點比率」之間的關係**

　　與經營安全率十分相似的指標還有「損益平衡點比率」。如果讀者行有餘力的話再閱讀此一部分就好。

　　當然，我還是會大略地說明這個指標的概念。

　　經營安全率與損益平衡點比率的關係與其說是相近，不如說兩者是互為表裡的關係。

　　雖然無法區分兩者之間何者為表、何者為裡，但是兩者之

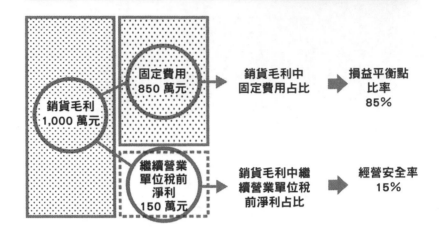

損益平衡點比率與經營安全率之間互為表裡

銷貨毛利
1,000 萬元

固定費用
850 萬元

繼續營業
單位稅前
淨利
150 萬元

銷貨毛利中
固定費用占比 ➡ 損益平衡點
比率
85%

銷貨毛利中繼
續營業單位稅
前淨利占比 ➡ 經營安全率
15%

間互為表裡的關係是錯不了的。

我想各位只要看了上圖，就能很簡單地了解其中道理。

也就是說，衡量「銷貨毛利中固定費用占比」者為損益平衡點比率，衡量「銷貨毛利中繼續營業單位稅前淨利」者為經營安全率。很簡單吧。

舉例來說，如果是上圖中的狀況，損益平衡點比率為85％，經營安全率為15％；若是損益平衡點比率為90％，經營安全率即為10％。損益平衡點比率與經營安全率兩者為相加等於100％的關係。

因此，損益平衡點比率愈低表示獲利效率愈好，相反地，

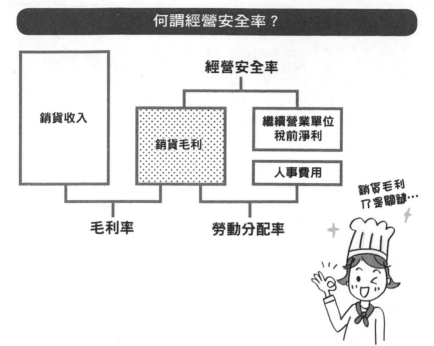

經營安全率則是愈高表示獲利效率愈好。

這三個指標：

- 毛利率
- 勞動分配率
- 經營安全率

三者之間的關係可以上圖表示。

我想各位也可由此充分了解「銷貨毛利」的重要性了。

編製簡明現金流量表

右圖是將現金流量表加以橫置的表格。

第五章曾經提到過，現金流量表是非必要的報表。

雖然中小企業不需受制度會計規範、也就是不需為了滿足投資人的需求來編製現金流量表，不過若是有這種粗略的簡式現金流量表，便可以很容易地掌握公司的成長狀況，因此試著編製看看也會很有趣的。

● 輕鬆掌握現金流量增減

右圖上方表格中，以四月份的數字為例。銷貨收現數減去進貨付現數，營業活動現金流量為 24 萬元。

再由營業活動現金流量 24 萬中減去稅金的支付金額及借款的清償金額，表格中最後一列中即為當月最後的現金流量增減數，本月的變動為淨流入 48 萬元。

因此，我們可以得知「四月份一個月間營業活動現金流量為淨流入 48 萬元」。

雖然每個月淨流入的金額並不大，但是這家公司的現金金額每個月都在增加。

圖下方的「累進」（月累進金額）的表格下方寫的「重點」

簡版現金流量表（C／F）

■ 單月增減

（單位：萬元）

	4月	5月	6月	7月	8月	9月	10月	11月	12月	1月	2月	3月
銷貨收現數	739	798	943	812	841	966	839	779	847	882	898	938
進貨付現數	-715	-725	-945	-696	-700	-730	-664	-723	-768	-888	-739	-893
營業C／F	24	73	-2	116	141	236	175	56	79	-6	159	45
稅金支付數	0	-18	0	0	0	0	0	0	0	0	0	0
借款增減	-10	-10	-10	-10	-10	-10	-10	-10	-10	-10	-10	-10
其他增減	34	26	42	19	36	-39	-124	-42	41	38	27	35
現金增減	48	71	30	125	167	187	41	4	110	22	176	70

> 觀察最後一列可以發現，也許金額不大，但所有月份都有淨現金流入

■ 累進金額

（單位：萬元）

	4月	5月	6月	7月	8月	9月	10月	11月	12月	1月	2月	3月
銷貨收現數	739	1537	2480	3292	4133	5099	5938	6717	7564	8446	9344	10282
進貨付現數	-715	-1440	-2385	-3081	-3781	-4511	-5175	-5898	-6666	-7554	-8293	-9186
營業C／F	24	97	95	211	352	588	763	819	898	892	1051	1096
稅金支付數	0	-18	-18	-18	-18	-18	-18	-18	-18	-18	-18	-18
借款增減	-10	-20	-30	-40	-50	-60	-70	-80	-90	-100	-110	-120
其他增減	34	60	102	121	157	118	-6	-48	-7	31	58	93
現金增減	48	119	149	274	441	628	669	673	783	805	981	1051

> 重點：積沙成塔！

是「積沙成塔」。

　　雖然每個月淨流入的金額並不顯著，但是累積一年下來，現金的增加額累計超過 1 千萬元，我們可以以此來解讀累進數據。也可以清楚看到公司的成長。

　　編製這種簡明現金流量表，可以清楚看見公司的成長變化，因此很有趣。

　　雖說只靠資產負債表（B／S）、損益表（I／S）及神田式現金流量計算表也就可以得到充分資訊了，但是透過並排呈現的表格數字可以看出公司的進步與成長。

　　不過這張表格並不是為了讓使用者確認每個月現金流量減少多少而設計的，假設每個月都看到負數的數字，可會讓人感到非常沮喪。

　　因此，若是公司還處在每月都是現金淨流出的狀況，反倒是建議不要編製這張表會比較好。以公司將要進入成長週期的時間點開始編製會是最佳時機。

試著將數字圖表化
進行比較

● 廣告費與銷貨收入的互動變化比較圖

182頁上圖是「廣告費與銷貨收入比較」的圖表。主要在說明「何以銷貨收入減少，但廣告費卻反而增加」的狀況。

不過這兩個數字，僅利用表格呈現是很難看出其間的相對關係，不將兩者以折線圖的方式呈現與對照就無法了解。一旦圖表化後就可一目了然了。

是不是該改變廣告宣傳的方式呢？看到圖表所呈現的相對關係後，自然就會浮現出這種想法。

這個例子中的公司原本是以報紙中的夾頁廣告傳單進行宣傳，看到圖表後便改採其他廣告行銷方式了。

● 繼續營業單位稅前純益的變化

182頁下圖則是「繼續營業單位稅前淨利（純益）」的變化圖。這也是圖表化的實例。

雖然曾有過嚴重的赤字問題，但逐漸黑字化（有盈餘）的過程可以透過圖表立刻看出來。

這會讓閱讀圖表的人感到這是一家非常努力打拼的公司吧。順道一提，這與第150頁中所介紹的現金與銀行存款餘額

將數字圖表化（折線圖），更容易讀出結果

【廣告費與銷貨收入比較】

（單位：萬元）

	4月	5月	6月	7月	8月	9月	10月	11月	12月	1月	2月	3月
銷貨收入	1,500	1,480	1,450	1,400	1,320	1,290	1,280	1,230	1,200	1,250	1,200	1,050
廣告費	207	222	227	222	225	290	296	302	310	312	316	322

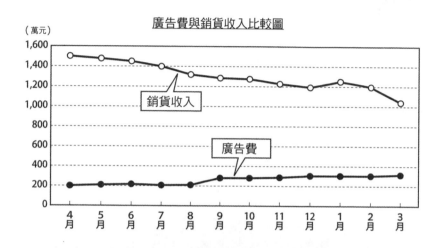

廣告費與銷貨收入比較圖

清楚看到黑字化（有盈餘）的過程

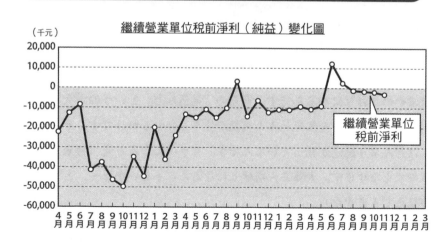

繼續營業單位稅前淨利（純益）變化圖

變化圖中，原本現金有 2 億元，最後僅剩下 2 千萬元的是同一家公司。

如果只看現金與銀行存款餘額變化圖，可能會讓人覺得「怎麼回事？這家公司沒問題吧？」，但檢視繼續營業單位稅前淨利圖表，就能夠判讀這家公司的經營成果正順利地朝有盈餘的方向邁進。

也就是說，在比較數字的時候不能只片面地斷章取義，請從各種角度來檢視所有的數字。重點就在於以各種不同的觀點來檢視各式各樣的數字結果。

假設能夠養成這種多角度檢視數字的習慣，數字敏感度就會被磨練得更加敏銳。

● 與預測數值的比較

184 頁的範例為「與預測數值的比較圖表」，預測值與實際值的比較結果。

若是負責公司營運的管理者或經營者能夠編製出這類圖表，對「數字敏感度」一定會有顯著地進步吧。

我自己經常做的事是，先將到會計期間年中的數據繪製成折線圖，再拿給公司的大老闆過目，「老闆，到年度結算為止還有六個月喔，這剩下的六個月，您希望經營數據有怎麼樣的變化，請把它畫出來看看吧。」

老闆一邊說「應該會是這樣吧…」，一邊把預想的結果畫出來。通常最後的實際結果大多會和預測值十分接近。經營者

「預測值」與「實際值」的比較

【與預測值的比較】累計銷貨毛利

(單位：萬元)

	4月	5月	6月	7月	8月	9月	10月	11月	12月	1月	2月	3月
預測值	1,305	2,610	3,915	5,220	6,525	7,830	9,135	10,440	11,745	13,090	14,355	15,660
當期實際值	556	1,102	1,396	1,588	3,287	4,261	6,005	7,439	9,983	11,245	12,532	13,837
前期實際值	540	1,455	3,567	3,760	4,032	4,560	7,820	8,021	9,534	10,089	11,239	13,115

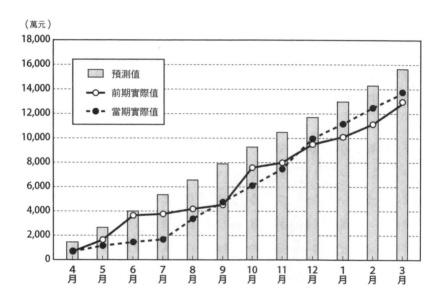

的「預測能力」真的是很重要。

　　不過，偶爾也會有實際結果與預測值差了十萬八千里的人。這些人也就是數字敏感度不夠敏銳的人。圖表化的好處之一便是更容易預測未來的變化狀況，因為可以透過圖形的曲線

184

或線條高低等特徵來大致掌握未來的發展方向。

至此為止，已說明了神田式試算表的三大關鍵。

這三個關鍵分別是「簡單化」、「可比較化」與「圖表化」。

請先從「好像做得到」的部分開始嘗試吧。

我認為這其中最容易操作列表的，應該是將損益表（I／S）加以橫列並排的部分吧。透過橫列並置，可以將歷史資料中所有的數字彙整於一張紙上；如果不這麼做，就得一一翻找過去的試算表才行了。

不過應該只要一翻頁就不記得前一頁的數字了吧。當然，如果你的頭腦可以記得住全部三十六個月份的現金與銀行存款餘額變動、自有資本比率、銷貨毛利、繼續營業單位稅前淨利、勞動分配率的數字，又能夠隨心所欲叫出自己所需要的任何數字記錄的話就另當別論。

此外，本書為了方便讀者閱讀數字，部分表格以萬元為單位編製。不過在製作自家公司的橫向表格時，請以千元單位取代萬元單位製表。

只片面看單一月份的數字是沒有意義的。數字只有經過比較才有價值。就算只是粗略大概的數據也沒關係，一定要從不同的觀點來比較各種數字，漸漸地就會養成這種多方比較的習慣。

我相信，只要掌握了神田式試算表的三個關鍵，各位讀者也能夠慢慢磨練出閱讀公司經營數據的「數字敏感度」。

結語——
試算表的神奇力量

　　這本書因為是會計書籍，至今為止的章節都以邏輯而科學的方式為各位說明數字的來龍去脈。

　　不過，最後想要跟各位聊聊「試算表的神奇力量」這種不太科學的話題。

　　先跟各位分享兩個超乎一般想像的真實故事。

　　要說是什麼樣的故事的話，應該可以稱為「只要抱著興趣閱讀試算表，業績便會突飛猛進喔」的實例吧。

● 從數字中看出事業危機的經營者

　　這是我任職於會計師事務所時的經歷。

　　由我負責相關業務的公司接到了銀行的通知電話，「某某公司倒閉了。」

　　來自倒閉公司的訂單占了我所負責公司營業額的 54%，是非常重要的客戶。換句話說，該公司有一半以上的營業額在轉瞬間消失了。

　　照常理，大家應該都會認為「會發生連鎖倒閉效應吧，這家公司已經不行了」。不管再怎麼說，都有一半以上的銷售業務泡湯了。

而我所任職的會計師事務所也跟我說，「這家公司倒閉也只是時間問題了，因為已經無法從某某公司身上賺到錢，最好是不要再有業務往來」。不過因為我想替該公司的經營者加油打氣，因此無視事務所的要求持續與對方往來。

　　該公司的經營者是很有責任感的人，而且也必須照顧公司雇員們的生活；因此堅持不放棄，不斷進行各種嘗試。

　　在接到銀行通知「交易對象倒閉」的電話前，通常是由我每個月到該公司拜訪經營者，一邊檢視試算表、一邊交談，那通電話之後，則反倒是由該經營者到我的辦公室來。

　　甚至有時候一週內會來個兩、三次。而這些會談中我們在做什麼呢？其實就是數字的模擬與試算。

　　例如說，如果固定費用的某個項目可以多少刪減一些，也許會有助於資金調度、或是若是如此又可以再撐多久…等等，我們會進行這樣的數字試算與模擬到深夜時分。

　　這位經營者原本從事營建業，體型精壯、手掌厚實且手指粗大。與我們印象中精明幹練地看著試算表的人是完全八竿子打不著的不同類型。該經營者總是用他粗大的手指在報表上重複比劃著試算表的數字。

　　該經營者也親自擔任業務工作，持續到客戶處低頭請託「請把工作交給我們」。不過就算經營者親自到第一線擔起跑業務的重任，業績仍然不見起色。

　　就這麼過了一個月、兩個月，即使是如此努力堅持的經營者也開始有了「已經撐不下去了嗎？」的想法時，意想不到的狀況發生了。

　　發生什麼事了呢？

原來是附近的同業跟該經營者說，「因為我們不做了，希望你能接手所有的客戶」。這情勢逆轉有如奇蹟一般。

　　該經營者當然立刻答應了，還跟我說「這可是天外掉下來的好運啊，神田先生。當然是接下來囉。哈哈哈…」；這才好不容易初次達成黑字營收的成果。

　　而且，如此一來該公司的客戶分散更為平均，降低了倒閉的風險。從前因為高度依賴（營業額的54％）來自於倒閉公司的訂單，幾乎可說是該公司的專屬承包商，但是現在應收帳款的組成結構更為健全，首次達成了黑字結餘的目標。

　　不管是幸運也好，受到庇祐也罷，該經營者當然是喜出望外，對我來說也是令人高興的一個故事。

　　另外一個實例則是一家連續四個會計年度的經營數據都是低空掠過的公司的故事。

　　雖然都是低空掠過的驚險狀態，不過該公司的經營者卻是個個性特別樂天悠哉的人，每個月都由他親自將傳票上的數字資料輸入會計軟體中。

　　該經營者跟我說「神田先生，其實我很喜歡這種狀況喔。因為賺不到錢所以很閒，趁著這種時間就可以請你教我各種東西了」。每個月都由我來確認檢視由該經營者親自輸入資料所列印出來的試算表。

　　就這樣持續了一段時間，某天突然由海外來了筆大訂單，以此為契機，公司的經營也進入賺錢的正向循環。

　　完全想像不到，當初是家連續四個會計年度的盈餘都低空掠過的公司，後來還搬進了又大又豪華的辦公室。

　　這位經營者，是全憑著興趣進行輸入數字資料的作業、也

全憑著興趣盯著報表的數字看。但因如此，才有了業績突飛猛進的結果。

● 試算表之神

第一家公司的經營者是迫於現實所需，因而不得不盯著報表上的數字；第二家公司的經營者則是出於個人喜好盯著數字看。

不過，不管是哪一家公司的經營者，都是抱持著興趣、熱中地看著試算表的數字。也就是我說的「只要抱著興趣閱讀試算表，業績便會突飛猛進」的實例。

當然這是毫無根據的。

不過，這種狀況卻在現實中發生。我想，這恐怕是因為試算表之神是確實存在的吧。我經常不由自主地想著試算表之神正從空中往下凝望。

當我想要跟他們說這些有關公司經營數字的事時，大多數公司倒閉或結束營業的經營者一定都會這麼回答：「我早就知道了。」

像剛剛故事中的奇蹟或天上掉下來的好運，是不會發生在這些人身上的。果然，試算表之神是真的存在。

在公司經營困難的時候，當然任其倒閉或結束營業也是一個選項。不過即使是在這種狀況下，善用試算表也自然能夠找到最佳的退場方式。

對於公司經營者是如此，對於公司週邊相關的人員、組織來說，當然也是能將負面影響減少到愈低程度愈好。即使是在倒閉或結束營業的狀況，試算表仍是非常有幫助的，請各位要

把這個概念收藏到腦海中。

我認為「公司經營者津津有味地看著自己公司的經營數據」或是「管理者或店長看自己部門或店舖的經營數據」才是合理的行為，也是無可厚非的。

不過，也有很多人會說「我對數字感到很頭痛」。這實在是太可惜了。

津津有味地看著公司的經營數據才是理所當然的，也因為如此才會發生像上面故事中的奇蹟。

我當然不是在跟各位說要以奇蹟或天上掉下來的好運為目標，我想傳達的是，「請做理所當然的事情吧」這一點。

理所當然地做著理所當然的事情的態度，看起來實在是非常帥氣的喔。

● 用化繁為簡的方式了解數字

以本書為開端，建立檢視與閱讀公司經營數據的習慣，是成為帥氣船長（企業經營者或管理者）的最佳捷徑。

完全不需要把這件事想得太困難。只要先從好像做得到的部分開始就可以了。就算只是簡單的部分也沒關係，第一步就是拋掉無謂的擔心，先看看公司的經營數據，再試著加以思考理解。

本書是我抱持著熱情，將想要傳達給各位讀者、傳達給這個社會的訊息訴諸文字的作品。在這裡我要向將這本與眾不同的會計書籍讀到最後一頁的讀者表示感謝。

結果如何呢？是否已經不再對試算表或財務報表感到頭痛畏懼、建立起對數字的自信心了呢？

如果各位覺得本書的內容還不錯，請務必把本書介紹給你
所認識的公司經營者或商場人士。

　　最後我想藉這個機會，感謝為了本書的出版而投注心力的
日本實業出版社編輯部的相關工作人員。
　　重新揚帆出航的時刻到了。試算表之神正在等著各位。那
麼，請各位朝著廣闊的大海出發吧。

神田知宜

詞彙對照表

中譯	日文	英文	頁數
N/A	制度會計	N/A	25、26、27、28、65、73、92、137
一劃			
一年基準 *2	一年基準	One Year Rule *2	73、74
四劃			
分類帳	仕訳	Ledger	31
五劃			
本期淨利 / 純益	当期純利益	Net Income	53、122、125、126
充分資訊揭露	開示 ディスクローズ	Information Disclosure	137
六劃			
自有資本	自己資本	Owned Capital	79、83、86、92、96
自有資本比率	自己資本比率	Equity Ratio	67、83、96、100、159
七劃			
投資活動現金流量	投資活動によるキャッシュ・フロー	Cash Flow from Investing Activities	138、139、140、141
投資人資訊	IR	Investor Relations	137
八劃			
股東權益變動表	株主資本等変動計算書	Statement of Shareholders' Equity	36、38、54、136

二十劃			
繼續營業單位稅前淨利／純益	経常利益	Income from Continuing Operations	52、83、84、87、106、108、119、122、124、125、126
二十三劃			
變動成本	変動費	Variable Cost	108、123

※1. 此為配合日文分類的英文翻譯，此三種試算表在英文中通常皆稱為 Trial Balance，未加以分類。

※2. 雖然同以一年為判斷基準，但中文與英文中較少使用一年基準／One Year Rule 一詞。

國家圖書館出版品預行編目（CIP）資料

超財務報表/ 神田知宜著；方瑜譯. -- 修訂一版. -- 臺北市：易博士
文化出版：家庭傳媒城邦分公司發行, 2019.12
200面；15×21公分
譯自：世界一シンプルでわかりやすい決算書と会社数字の読み方
ISBN 978-986-480-096-4(平裝)

1.財務報表

495.47　　　　　　　　　　108019256

DO4005
超財務報表：
開竅用！看得見的具象，一眼就看對重點，找出關鍵

原 著 書 名 / 世界一シンプルでわかりやすい決算書と会社数字の読み方
原 出 版 社 / 日本實業出版社
作　　　者 / 神田知宜
譯　書　者 / 方瑜
選 書 人 / 蕭麗媛
編　　　輯 / 潘玫均、鄭雁聿

業 務 經 理 / 羅越華
總 編 輯 / 蕭麗媛
視 覺 總 監 / 陳栩椿
發 行 人 / 何飛鵬
出　　　版 / 易博士文化　城邦文化事業股份有限公司
　　　　　　　台北市中山區民生東路二段141號8樓
　　　　　　　電話：（02）2500-7008　傳真：（02）2502-7676
　　　　　　　E-mail: ct_easybooks@hmg.com.tw
發　　　行 / 英屬蓋曼群島商家庭傳媒股份有限公司城邦分公司
　　　　　　　台北市中山區民生東路二段141號11樓
　　　　　　　書蟲客服服務專線：（02）2500-7718、2500-7719
　　　　　　　服務時間：週一至週五上午09:30-12:00；下午13:30-17:00
　　　　　　　24小時傳真服務：（02）2500-1990、2500-1991
　　　　　　　讀者服務信箱：service@readingclub.com.tw
　　　　　　　劃撥帳號：19863813　戶名：書蟲股份有限公司
香港發行所 / 城邦（香港）出版集團有限公司
　　　　　　　香港灣仔駱克道193號東超商業中心1樓
　　　　　　　電話：（852）2508-6231　傳真：（852）2578-9337
　　　　　　　E-mail：hkcite@biznetvigator.com
馬新發行所 / 城邦（馬新）出版集團Cite(M) Sdn. Bhd.
　　　　　　　41, Jalan Radin Anum, Bandar Baru Sri Petaling,
　　　　　　　57000 Kuala Lumpur, Malaysia.
　　　　　　　電話：（603）90578822　傳真：（603）90576622
　　　　　　　E-mail：cite@cite.com.my

製 版 印 刷　　卡樂彩色製版印刷有限公司

SEKAIICHI SIMPLE DE WAKARIYASUI KESSANSHO TO KAISHA SUUJI NO YOMIKATA ©
TOMONORI KANDA 2011
Originally published in Japan in 2011 by NIPPON JITSUGYO PUBLISHING CO., LTD.
Chinese translation rights arranged through AMANN CO., LTD.

2014年03月06日初版《圖解沒有人這樣說財報！：只用常識和數字的直覺就學得會財務報表》
2019年12月10日修訂（更定書名為《超財務報表：開竅用！看得見的具象，一眼就看對重點，
找出關鍵》）

ISBN 978-986-480-096-4
定價360元　　HK $120